槟榔
水肥一体化栽培技术

◎ 杨福孙　孙爱花　著

中国农业科学技术出版社

图书在版编目（CIP）数据

槟榔水肥一体化栽培技术 / 杨福孙，孙爱花著. --北京：
中国农业科学技术出版社，2021.10（2024.10重印）

ISBN 978-7-5116-5480-9

Ⅰ. ①槟… Ⅱ. ①杨… ②孙… Ⅲ. ①槟榔-肥水管理
Ⅳ. ①S792.91

中国版本图书馆CIP数据核字（2021）第 179297 号

责任编辑　王惟萍
责任校对　李向荣
责任印制　姜义伟　王思文

出 版 者　中国农业科学技术出版社
　　　　　北京市中关村南大街12号　　邮编：100081
电　　话　（010）82106643（编辑室）（010）82109702（发行部）
　　　　　（010）82109709（读者服务部）
传　　真　（010）82106643
网　　址　http：// www.castp.cn
经 销 者　各地新华书店
印 刷 者　北京捷迅佳彩印刷有限公司
开　　本　170 mm×240 mm　1/16
印　　张　11.75
字　　数　220千字
版　　次　2021年10月第1版　　2024年10月第2次印刷
定　　价　88.00元

《槟榔水肥一体化栽培技术》
著 者 名 单

主　著：杨福孙　孙爱花

副主著：陈李叶　李培征　余文慧　刘立云

著　者：杨福孙　海南大学热带作物学院

　　　　孙爱花　中国热带农业科学院科技信息研究所

　　　　陈李叶　琼中县农业技术研究推广中心

　　　　李培征　海南大学植物与保护学院

　　　　余文慧　衢州市农业林业科学研究院

　　　　刘立云　中国热带农业科学院椰子研究所

　　　　李昌珍　海南大学热带作物学院

　　　　陈　奇　海南大学热带作物学院

　　　　孙会举　海南大学热带作物学院

　　　　辛晓栋　海南大学热带作物学院

　　　　降佳君　海南大学热带作物学院

　　　　罗天雄　海南大学热带作物学院

　　　　李　晗　海南大学热带作物学院

　　　　张　瀚　海南大学热带作物学院

　　　　王　熙　海南大学热带作物学院

　　　　温欣宇　海南大学热带作物学院

前　言

　　槟榔是海南第二大热带作物，由于其抗性强，种植户以粗放管理为主，导致槟榔水分与养分缺失，树势较弱，病虫害严重，产量较低，品质不佳。为改变农户种植观念和进行水分与养分的科学管理，作者汇集多年的研究与应用经验编写成《槟榔水肥一体化栽培技术》，科学方法与实用技术相结合供科研工作者及槟榔种植者参考使用。本书首先介绍槟榔生产情况及生物学特性，然后以槟榔水分与养分科学的研究方法为基础，获得槟榔需水与需肥规律，推导出槟榔水分灌溉量与灌溉技术和槟榔养分补充量及需求量，再构建不同树龄不同地形条件下槟榔水肥一体化技术体系及其应用技术，以案例方式验证槟榔水肥一体化技术的优势，阐明建造技术和管理方法，最后探讨槟榔水肥一体化技术效果与当前槟榔面临的黄叶现象之间的关系，说明该技术在防治槟榔黄化症方面的作用，并结合化控技术，调控槟榔产量与品质，以达到槟榔健康高产高效栽培的目的。本书结构层次分明，内容环环相扣，体现科学性和实用性。本书获得海南省重大科技计划项目"槟榔黄化灾害防治及生态高效栽培关键技术引入与示范"（No. ZDKJ201817）资助。

　　全书分为八章，第一章槟榔概述，主要介绍槟榔品种类型，国内外生产现状，尤其是海南槟榔面临的问题；第二章槟榔生物学特性，主要介绍槟榔各器官生物学特性及生长习性；第三章槟榔水分需求规律，主要介绍槟榔水分管理现状、需水规律和水分灌溉技术；第四章槟榔养分需求规律，主要介绍槟榔养分管理现状、槟榔园养分情况及槟榔养分分布与吸收规律，提出槟榔养分补充量，即槟榔养分综合推荐施肥量；第五章水肥一体化技术现状，主要介绍国内水肥应用现状及主要类型，水肥一体化技术的发展趋势；第六章槟榔水肥一体化关键技术与应用，主要介绍不同地形条件与树龄下槟榔水肥一体化关键技术及其应用；第七章槟榔水肥一体化与槟榔黄化控制技术，主要介绍槟榔黄化产生原因及水肥对防治槟榔黄化的技术；第八章槟榔水肥一体化与保花保果技术，主要介绍槟榔开花规律及槟榔保花保果原理与技术；后面附有2个水肥应用技术规程和2个栽培技术模式与栽培技术。

全书由杨福孙统稿，孙爱花校稿。其中第一、第二章由孙爱花、罗天雄、陈李叶撰写；第三章由杨福孙、余文慧、孙会举、李晗、降佳君撰写；第四章由刘立云、余文慧、李昌珍、辛晓栋、张瀚撰写；第五章由孙爱花、孙会举撰写；第六章由杨福孙、陈李叶、陈奇、罗天雄撰写；第七、第八章由杨福孙、李培征、陈奇、王熙、温欣宇撰写。书中主要图表由降佳君绘制与录入，彩色照片由杨福孙提供。

由于水平有限，时间仓促，研究基础还有待深入，书中疏漏在所难免，希望读者和专家学者提出宝贵意见，以便进一步完善和提高。

著　者

2021年5月

目　录

第一章 槟榔概述

第一节 槟榔简介

槟榔（*Areca catechu* L.）为棕榈科槟榔属多年生常绿乔木，是我国四大南药之首，具有重要的食用价值和药用价值，是海南省第二大经济作物。

一、槟榔的来源及分布

槟榔原产于印尼群岛和马来半岛一带，向西扩散到南亚和东南亚大陆，并逐渐传播到中国。槟榔现主要分布于亚洲热带地区，在中国主要分布于海南、云南、台湾等热带地区。

二、槟榔的用途

（一）嗜好品

槟榔在中国目前主要作为嗜好物质进行食用。由于槟榔果实中富含有多种人体所需的营养元素和有益物质，如脂肪、槟榔油、儿茶素、胆碱等成分，成为广大热带地区居民的嗜好品，在我国海南、台湾、云南及湖南部分地区的居民也把槟榔作为一种咀嚼用嗜好品。据统计，全世界至少有5%的人将槟榔作为嗜好品，并且该群体有不断扩大的趋势，如俄罗斯、美国、日本等国家也有进口槟榔产品的记录。

（二）药用

槟榔作为棕榈科常绿乔木，其种子、果皮、花苞都可入药，具有健胃、杀虫、降气、截疟等功能。成熟的果皮又称"大腹皮"，主治腹胀水肿、小便不利等症。花苞俗称"大肚皮"，可治腹水、健胃、疗腹胀、散气滞、止霍乱。此外，槟榔还具有促进神经兴奋、预防癌症、保护血管、抑制破骨基因表达、抗氧化、缓解疲劳、改善肠胃功能、抗抑郁、调节血糖水平、抗动脉粥样硬化、抗炎镇痛和抗过敏等多种功效。

（三）观赏树

槟榔还是一种风景树，它有干无枝，亭亭玉立，风姿绰约。春季打苞犹如少女含情，夏季开花芬芳馥香，秋季结果色赛绿玉晶莹，其园林效果独特、淡雅。

（四）其他

槟榔不仅是居民日常嗜好品和传统的中药材等，还是古代婚丧嫁娶等习俗中的重要载体，形成了范围较广、独具特色的槟榔习俗文化。

第二节　主要品种与类型

在全世界槟榔品种近100种，根据印度CPCRI研究所出版的《槟榔》认为槟榔属有76个种，而FAO出版的《热带棕榈》认为槟榔属有60个种，英国邱园出版的《棕榈植物属志》提到槟榔属只有47个种，目前印度收集有128份种质。

中国槟榔栽培历史悠久，但为外国传入。由于它的异交特性，使其难以形成纯合的种群，必然产生很多变异类型及变种。目前，仍没有人对海南的槟榔类型提出系统的分类方法。有以果实形状和果核大小来分，如果大核小味甘者称为"山槟榔"，果小核大味苦涩者称为"猪槟榔"。有以花穗大小及长短，分为长蒂种和和短蒂种。以产地划分为海南类型、台湾类型及泰国-越南类型等，其中海南类型的槟榔具有独特的特征，主要其青果果形更适合加工为白果和黑果。按照节间长短，可分为长节间型（>15 cm）、中节间型（6~15 cm）、短节间型（<6 cm）；按照果实形状分，有长椭圆形、椭圆形、长卵形、卵形、倒卵形、圆形、纺锤形、圆锥形和枣形等。用于加工的青果主要是长椭圆形和长卵形。

一、槟榔品种与类型

（一）按花序和结果划分

1. 长蒂种

每株一般有3~4个花序，花穗大，长45 cm左右，果形大，椭圆形，在果穗上分布疏散，产果较少，通常单穗果实约80个。本类型在小果形成期和果实成熟后期，常因气候环境的影响而落果率较高。

2. 短蒂种

每株一般有2~3个花序，花穗较小，长约30 cm，果形较小，长椭圆形，在果穗上密集生长，单穗产果约100个，但果仁较小而轻，落果率较低。

（二）按产地划分

1. 海南类型

主要特征是果实较大，有明显的果脐。果实长1.5~3.5 cm，直径1.5~3 cm，一般15~30个/kg。果实形态多为长椭圆形、椭圆形、卵形等。海南本地种类型是目前海南省槟榔种植面积最大的种群，主要分布在琼海、琼中、万宁、屯昌等东、中、南部地区。

2. 台湾类型

主要特征是果实小，果实形状如枣形，其果肉嫩，受台湾、香港地区居民欢迎。成熟果35~40个/kg，一般以收购青果为主。青果体积小，粒数多。在海南基本不种植或小面积种植，主要供应台湾、香港的青果市场。台湾类型槟榔早在20世纪80—90年代被陆续引入海南，现主要分布在万宁、三亚、陵水、海口等地。与海南本地种槟榔在植物学特征上有明显区别，如树干较细，果实为枣形，果实小，重量仅为本地种的19.12%。台湾类型的采摘时间一般是在果实发育后2~3个月采收，主要采摘时间在4—8月。

3. 泰国-越南类型

泰国类型主要特征为果实形状圆形、近圆形，皮薄，籽大；植株生长快、节间长、早熟、不抗风；口味较淡，纤维较粗，不受市场欢迎，目前国内因种苗控制问题，种植面积不确定。越南类型果小且圆，味微涩，果实成熟后为红色，在海南有小面积种植。

二、海南省评定槟榔品种

热研1号是中国热带农业科学院椰子研究所选育的品种，该品种是从海南本地种槟榔中选育出的优良新品种，于2010年通过海南省品种审定委员会认定，在2014年6月经全国热带作物品种审定委员会审定通过，是中国第一个具有国家审定编号的槟榔品种。该品种具有高产稳产、商品果形好（长椭圆形）、品质优良的特点，该品种4～5年开花结果，10年后达到盛产期，经济寿命达60年以上，其一般平均每年产果16 kg/株，比同树龄的海南主栽槟榔产量提高约12%，其中最高每年产量30 kg/株以上。具有重要的示范及推广意义，目前推广面积约0.77万hm²，主要分布在海南省东部、中部和南部。适宜作为鲜果食用或加工用。

第三节　国内外生产现状

一、世界槟榔总体种植情况

近几十年来，世界槟榔收获面积和产量基本上都呈逐年增长的趋势。1961年世界槟榔收获面积仅为33.06万hm²，产量仅为21.42万t；到2017年时，其收获面积高达100万hm²，产量高达143万t，其中亚洲槟榔占99.9%以上（表1-1）。

表1-1　世界槟榔收获及产量情况

年份	收获面积（万hm²）	产量（万t）
1961	33.06	21.42
1997	46.77	58.36
2007	81.20	97.17
2017	100.00	143.00

数据来源：FAO数据库。

二、世界各国槟榔种植情况

槟榔原产于印尼群岛和马来半岛一带，现主要分布在亚洲，如印度、印度尼西亚、孟加拉国、中国、缅甸、泰国、菲律宾、越南、柬埔寨等国。其中，印度是世界槟榔的主产国之一，其产量占世界槟榔总产量的一半以上。近年来，中国收获面积占比低于10%，但产量占比却常年在15%左右，位居世界第二（表1-2）。

表1-2　世界各国槟榔收获面积及产量情况

年份	国家	收获面积（万hm²）	世界占比（%）	产量（万t）	世界占比（%）
1990	印度	20.95	51.76	25.13	55.58
	孟加拉国	3.49	8.62	2.27	4.86
	印度尼西亚	9.57	23.51	2.30	5.08
	中国	2.42	5.94	10.44	23.01
	缅甸	2.89	6.93	3.22	7.07
2007	印度	39.68	48.87	55.92	57.55
	孟加拉国	16.53	20.36	10.12	10.12
	印度尼西亚	12.50	15.39	5.20	5.35
	中国	4.98	6.13	13.45	13.84
	缅甸	3.80	4.68	6.00	6.17
2013	印度	44.60	49.55	60.90	49.91
	孟加拉国	16.51	18.33	10.10	8.27
	印度尼西亚	14.39	15.98	18.10	14.83
	中国	6.01	10.44	23.00	18.85
	缅甸	5.63	6.25	11.95	9.79
2016	印度	47.30	48.26	70.30	50.94
	孟加拉国	20.33	20.74	12.11	8.77
	印度尼西亚	13.07	13.33	5.40	3.91
	中国	7.02	7.16	23.42	16.97
	缅甸	5.54	5.65	12.91	9.35

数据来源：FAO数据库。

三、中国内地槟榔种植情况

我国是世界槟榔的第二大生产国，我国槟榔主要分布于海南、台湾和云南，有少量分布在广西、广东和福建等地区。虽然我国引种栽培槟榔已有

1 500多年历史，但在1952年时槟榔的种植面积仅为1 053 hm²。自1969年国家开始重视槟榔的生产。直到1983年改革开放，槟榔产业迅速发展。中国的槟榔主要集中于海南，据统计，2008年我国大陆槟榔种植面积为6.28万hm²，而海南的槟榔种植面积达6.27万hm²，占我国大陆的99.97%。

四、海南槟榔种植情况

槟榔是典型的湿热型喜阳植物，适合在热带地区种植，对土壤要求不高，具有抗风和抗寒等特点。海南具有种植槟榔的地理区域优势，是我国槟榔的主产区，占全国99%，其槟榔产量23.4万t，位居世界第二位。槟榔在海南种植已有1 000多年的历史，是海南第二大热带经济作物。海南省的槟榔种植多以农户种植为主，约70多万户，大多将槟榔种植于坡地。

早在1952年，海南槟榔种植面积仅为0.1万hm²，产量0.1万t。在之后的30年间，其种植面积基本保持0.10~0.16 hm²。海南槟榔是从1983年开始发展加快，随着湖南嚼食槟榔加工和销售行业的日趋兴旺，海南的槟榔种植业也因此得到迅速发展。近年来，海南槟榔种植情况如表1-3所示。自21世纪以来，海南槟榔的种植面积迅速增长。尽管近些年里，海南槟榔种植面积和总产量不断上升，然而近10年时间内海南槟榔单产基本没有提升，却有时受环境及管理的影响呈下降趋势。在2010年，海南槟榔单产增加到3 897 kg/hm²，而随后的几年，一直呈现下降的趋势，到2016年下降至3 342 kg/hm²（表1-3）。

表1-3　海南槟榔种植情况

年份	种植面积（万hm²）	收获面积（万hm²）	产量（万t）	单产（kg/hm²）
1985	0.33	—	0.2	—
1992	1.18	—	0.8	—
2000	2.6	1.2	3.0	2 500
2005	4.7	2.0	6.4	3 200
2010	6.9	3.9	15.2	3 897
2016	9.9	7.0	23.4	3 342
2017	10.2	7.3	25.5	3 493

数据来源：《海南统计年鉴》。

海南省槟榔种植地区主要集中于万宁、琼海、琼中、屯昌、定安、乐东、保亭和陵水等南部和中部地区8个市县，其中万宁、琼海、琼中是海南三大槟榔主要产区。据2017年统计，万宁、琼海和琼中的种植面积、收获面积和产量情况如表1-4所示。3个主产区种植面积、收获面积和产量总和占海南省的比重分别为45%、47%和42%。

表1-4　2017年海南三大主产区槟榔种植情况

产区	种植面积（万hm^2）	收获面积（万hm^2）	产量（万t）	单产（kg/hm^2）
万宁	1.8	1.4	4.1	2 928
琼海	1.6	1.3	4.2	3 230
琼中	1.2	0.8	2.5	3 125

数据来源：《海南统计年鉴》。

目前我国是世界上槟榔第二大生产国，主产区在海南。槟榔是海南省主要的热带经济作物（"三棵树"之一），统计表明，槟榔产业涉及海南230万农民（占全省农业人口的41.37%）的收入来源，在槟榔主产区，槟榔收入占农户收入的1/3。2019年海南省槟榔种植面积达172.8万亩（1亩≈667 m^2，15亩=1 hm^2），海南和湖南槟榔加工和生产企业有400多家，年加工槟榔干果20多万t，年总产值已超过500亿元。

第四节　槟榔价值

一、世界槟榔流通情况

据统计，2017年世界槟榔进口总量为18.56万t，进口总金额2.94亿美元。2017年世界槟榔出口总量为27.14万t，出口总金额4.53亿美元。

巴基斯坦是世界上最大的槟榔进口国，其2017年槟榔进口总量达9.87万t，占世界槟榔进口总量的53.18%。印度尼西亚是世界上最大的槟榔出口国，其2017年槟榔出口总量达21.39万t，占世界槟榔出口总量的78.81%。

中国海南槟榔的产量大多数以自产自销的方式满足国内需求。

二、我国槟榔需求情况

目前人们对槟榔的需求量越来越大，消费市场也逐渐扩大，出现产品供不应求的现象，原来只有湖南的企业收购槟榔干果，但现在全国29个省区市都有消费市场，远远不能满足市场需求。据报道，自2006年以来，槟榔青果价格从每千克6元不断上涨。到2015年海南槟榔鲜果销售价格为每千克约18元。2019年海南槟榔青果销售价格每千克约20元，干果每千克约70元。2020年创历史新高，达到每千克青果48～50元。

三、海南槟榔的产值

槟榔的产值显著高于传统的热带作物，是仅次于橡胶的第二大热带栽培作物，现已成为海南省主要产业支柱。近年来海南省槟榔产值呈现快速增长的趋势，如表1-5所示。

表1-5　海南槟榔产值情况

年份	产值（亿元）	年份	产值（亿元）
2004	15.6	2014	25.0
2006	18.0	2020	108.0
2008	23.3		

数据来源：海南省槟榔产业技术创新战略联盟。

四、海南槟榔的重要性

槟榔种植后5～6年便可收获，每公顷一般可栽植1 650株，经济寿命长达60年以上，被广大农民视为脱贫致富的"发财树"。近年来槟榔产品销路好，经济效益高，而且比较稳定；相比其他经济作物，槟榔稳定的经济效益具有很强的吸引力，而且槟榔抗性强，适应性广，具有易种、易管、投资小的特点，更易被农户接受。目前种植槟榔已成为海南省东部、中部和南部200多万农民增加收入、脱贫致富的重要途径，是主要的经济来源之一。根据2014年统计数据显示，海南槟榔产业收入占全省农民人均收入的比重为12.77%，占家庭经营性收入的比重达到24%，现已成为海南农村的主要经济支柱产业之一。

第五节　海南槟榔面临的问题

一、海南槟榔产业的问题

目前海南槟榔占据我国内陆99%以上份额，其总产值高达100亿元以上。但是，中国槟榔产业总产值高达500亿元，而海南仅占100多亿元，没有种植槟榔的湖南却占400亿元以上。主要是因为多年来海南生产的槟榔果和槟榔干绝大部分都是卖到湖南省，湖南省的企业进行精加工后再行销各地，再加上海南槟榔深加工发展较慢，并没有十分完善的加工产业链，而是成为湖南槟榔加工业的原料供应基地。槟榔运输成本较高，且槟榔价格攀升，企业成本提升，因此，在海南省建槟榔精加工厂是未来的发展趋势。

二、海南槟榔种植的问题

尽管海南省发展槟榔产业具有独特的地理区域优势，并且具有良好的自然资源，但是海南省槟榔存在管理粗放、盲目施肥及海南季节性干旱严重等问题。近些年随着槟榔在海南的大面积推广种植，很多地区不注重水肥管理和土壤改良，且农民对槟榔种植施肥技术了解甚少，按照传统种植习惯盲目施肥，缺乏有机肥与化肥合理搭配和配方施肥的概念，最终造成土壤耕性下降和肥力不足，导致槟榔植株无法获得充足养分和水分，使得槟榔生长受到抑制、抗性降低、收获期变短、产量品质下降。自从槟榔黄化现象发生以来，认为槟榔园管理粗放、水肥不足是其重要影响因子。槟榔单株产量较低，其主要原因为槟榔粗放管理和施肥不当，导致槟榔生长不良，落花落果严重，坐果率低所引起。因此科学有效的施肥管理对提高槟榔产量与效益具有十分重要的意义。此外，由于海南槟榔长期种植在水分条件较差的山坡地，很少对其进行水分管理，同时海南气候季节性干旱严重，导致槟榔水分条件不足，从而严重影响槟榔的生长发育。现在海南季节性干旱和地域性缺水已经影响了槟榔的生长，面对槟榔种植面积的不断增加，如何确定槟榔适宜的水分灌溉量，减少水分浪费，加快实现海南槟榔产业化进程，引起了人们的关注和研究。

三、海南槟榔的病害问题

当前困扰槟榔产业的主要为槟榔黄化病，然而其病因不明，专家调查认为种植区营养与水分不足是其发病的主要影响因子之一。近几年，国内槟榔经济效益逐渐增加，槟榔园管理水平也有了提高，然而，槟榔黄化现象并没有得到遏制，氧分是不是引起槟榔生理性黄化的因素之一，需要进行科学的系统的研究。本研究前期调研表明，施肥不足导致养分缺乏，尤其是氮、钾、镁、铁、硫等元素缺乏均会引起叶片黄化。有黄化症现象的槟榔叶片钾和镁含量极低，土壤酸度低、铝含量高导致植物根系受害也会引起地上部分叶片黄化，而其他引起根系受害的因素（干旱、淹水等）也会导致地上部分叶片黄化。因此，有必要系统地研究土壤物理性质、土壤养分状况及土壤供肥能力对槟榔生长发育、养分吸收规律、根系生长及产量的影响，分析土壤和营养状况与槟榔黄化之间的关系及调控技术，在槟榔生长环境与植株及栽培技术之间建立一套综合的调控技术，防止因营养不良产生黄化，从而提高槟榔坐果和产量。

第六节　水肥一体化

水肥一体化是有效提高作物养分和水分利用效率的技术之一，土壤中养分靠水分吸收而运送至生长部位，因此，加强水分管理可调控作物对肥水吸收，从而提高作物养分、水分利用效率和产量，降低肥料的用量，减少环境污染。水肥一体化技术在农业生产上的应用已经非常广泛，而槟榔多种植于坡地与高地，生产上设计水肥一体化系统的难度大，技术使用率低，因此，非常有必要研究和设计与不同立地条件的槟榔园相匹配的水肥一体化技术体系、设备和装置，为从根本上解决槟榔因水肥不足而引起的黄化提供技术及设备。

第二章 槟榔生物学特性

第一节 槟榔的植物学特性

槟榔是常绿乔木，高10~20 m，胸径10~20 cm、树干挺直不分枝，树皮灰褐色，茎圆柱形，有明显而规则的环状叶痕，称为节，节的疏密是生长好坏的特征之一。海南槟榔定植4年后才见节。节间一般5~10 cm，若生长环境荫蔽，节间长达15 cm。若生长环境差，水肥不足植株生长不良，节间距离密集。

一、根

槟榔根系为须根系，没有明显的主根，其根系密集着生于茎基部。槟榔为浅根系植物，其根系集中在0~40 cm深的土层。80 cm以下深度根系分布很少，甚至没有。槟榔没有明显的主根，在各土层中均以<3 mm根所占的比例最大。槟榔地上茎干的最下节生出大量新的红色气生根，扎入地下形成营养根（图2-1），地下根系向外扩展，大部分根在表土层，无深根。由茎干节上长出的不定根称次生根，约400多条，次生根又长出支根，不定根初期裸露在空气中，之后可伸入土中，形成强大的地下复杂根系。槟榔的根对于槟榔植株生长具有重要作用，地上茎最下节的气生根基部裸露在外，扎入地下的部分形成营养根，有复杂发达的地下根系但没有深根，导致槟榔容易受到土壤水分胁迫的影响，水分过多或过少都会造成槟榔根系的损害。槟榔的根系对除草剂十分敏感，除草剂的使用会对槟榔根系造成极大的损害。

图2-1　槟榔根系

二、茎

槟榔植株茎干圆柱形，直挺而不分枝，高10~20 m，胸茎10~20 cm，茎由节和节间组成（图2-2），节间长一般5~10 cm，节间疏密与品种和生长势有关。叶脱落后节上留下明显的环状叶痕。靠近最下部绿叶以下4~7个节为绿色或淡黄色，其他为灰色。

节间

茎节

图2-2　槟榔茎干

三、叶

槟榔叶为大型羽状全裂单叶，聚生于茎干的顶端，长度1.5~2 m，由叶片和叶鞘组成（图2-3）。小叶多数线状披针形，表面光滑无毛，长0.3~0.7 m，叶轴基部膨大成三棱形，叶鞘长环抱茎干。叶片之间呈72°角且5片叶绕茎干环一周，4—11月为新叶抽生期，成龄树每年约抽生7片叶，正常的植株有7~9片叶在茎干顶端。

图2-3　槟榔叶片

四、花

槟榔花为肉穗状花序，着生在叶鞘束之下的茎上，发育前期被苞片裹着，称为佛焰苞，呈黄绿色（图2-4）。苞片开裂后出现花序。花序有10~18个蜿蜒分枝，长25~30 cm，每一分枝上长5~7个小枝。花单性，雌雄同株异花。雄花小，无柄着生于花序上部，形似稻粒白绿色，有2 000~3 000朵，多达11 000朵以上。雌花较大，数量少，为250~500朵，略呈卵圆形，着生在花序轴或分枝的基部。萼片3片，卵形、极小，长约1 mm。花瓣3片，长卵圆形，浅黄色。雄蕊6枚，花药基生（几乎无花丝），退化雌蕊3枚，呈丝状。雌花较大，无柄，略呈卵圆形，每序有250~550朵，着生于花枝的基部或花序轴上。

花被2轮，每轮3片。退化雄蕊6枚，合生。子房1室，柱头3裂，胚株1个，倒生。槟榔全年开花，主要集中在3月至5月下旬。自花苞打开后，雄花陆续开放，开放周期为18～23天，而雌花在雄花开放完8～10天后，柱头裂开。雌雄花期不一致，雄花完全脱落，雌花才开放，所以槟榔均为风媒或虫媒的异株授粉，授粉成功率

图2-4 槟榔花序

低，杂交严重。槟榔的营养生长与生殖生长重叠严重，花期也是植株生长的重要时期，所以对养分需求较高。槟榔花营养丰富，对此还开发为海南特色菜用，以此扩大用途。

每株槟榔花序数由槟榔生长状况及气候条件决定，一般挂果前期槟榔树开花1～3梭，盛果期树开4～7梭花序，衰老期下降为2～3梭。其挂果寿命受管理水平及气候等影响。

五、果

槟榔果实为核果，有圆形、椭圆形、卵圆形等（图2-5、图2-6），由外、中、内的果皮和胚构成（图2-7）。长4～6 cm或7～8 cm，最长的11～13 cm。未成熟果为青绿色，成熟后为橙黄色。果实由果皮和种子组成。外果皮为革质，中果皮初为肉质、成熟为纤维状质，内果皮为木质。种子1枚，由胚（种仁）、胚乳和种皮组成，扁球形或圆锥形，高1.5～3.5 cm，直径1.5～3 cm，种皮淡黄色或淡红棕色，胚乳和胚白色。槟榔果的形状、大小可作为品种划分的依据。世界上记载的品种有36种。果基部平坦有宿存的花萼和花瓣，果熟期为第2年的3—6月。

图2-5 槟榔果实（圆形）

椭圆形

卵圆形

图2-6 槟榔果实形状

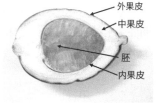

图2-7 槟榔果实结构

第二节　槟榔的生物学特性

一、根系

槟榔根系在土壤中的最大分布深度，因土壤条件不同而不同，土壤疏松深厚、地下水位低的根系深；若质地坚硬、浅薄，或水位高，则分布浅。

根系浅，则水分养分吸收面狭小，对土壤的干湿变化、高温寒冷等敏感，且易遭风害；根系深，吸收面广，各种抗性增强，栽培管理要精细及时，应增大农业投入，才能获得高产、稳产。因此要尽可能创造适合根系深生的环境条件。槟榔根系的水平分布幅度随株龄而逐渐扩大，因此幼龄期定期扩大种植穴，结合施有机肥，有利于改良土壤环境，促进支根的良好生长。

二、茎

槟榔的茎是植株的主轴，是叶片和果穗着生的地方。茎主要由基本组织和维管束组成。基本组织主要由薄壁细胞组成，维管束分散排列于基本组织中。幼龄树茎的生长极慢，前2~4年主要是茎的横向生长，形成大的茎基。2~4年后茎部才露出地表，出现明显的叶痕。茎干为巨大的储藏器官，光合作用产生的有机养分和根系吸收的水分和养分，大部分储藏于茎的基本组织中。由于叶片和果穗的维管束都直接与茎的储藏器官相连，便于光合作用同化产物和营养物质的储藏和运输。槟榔栽培管理良好时，其茎干储藏的物质多，在开花结果期，大量的营养物质便往花穗和果实运输，使产量提高；如果管理不良，茎干储藏的物质少，便会影响花序和果穗的发育，使产量减少。当储藏的物质严重不足时，植株只能从树冠的下层叶片抽取养分，这些叶片便会出现黄化而脱落。

三、叶

槟榔叶片的生长有极明显的季节性，4—11月为一年叶片的抽生期，一般抽生7片叶，健壮的植株可多达7~10片，进入衰老期在6片以下。落叶数与新生叶片数基本相同。

四、开花

生长良好的槟榔，植后4~5年开花结果，管理差的则延迟至8~10年。每年10月后，下部叶片的叶鞘基部节上已孕育有花芽，到第2年的3—5月，叶鞘开裂叶片脱落时，就陆续露出佛焰苞，苞片在4~7天后脱落露出花序。每株树一年抽生1~4个花序，多者达5~7个。

槟榔为异花授粉植物。花序上的雄花在花序露出后，自上而下地开放，当天开放当天脱落；每天上午9—12时盛开，大量散播花粉，雄花期20~25天。当雄花期将结束时，雌花才自下而上开放，花期4~5天。同一花序雌雄花期重叠的时间很短。雌花开放时，瓣尖微开，三裂柱头便开始授粉。柱头的感受期达6天，但最大感受期在开花后2~4天。

槟榔的落花比较严重。始花前几年由于植株营养生长和生殖生长失调，雌花多脱落。随着树龄增加，落花减少。在印度，V. 拉凡和K. H巴鲁亚认为大量落花的原因是：

——雌雄花期不一致，影响传粉；

——雄花粉有很大的变异；

——有大量花粉落在柱头上不萌发；

——花粉管生长缓慢，并可能在花柱内死亡，导致受精失败；

——花粉寿命短，雌花最易受精的时间是开放初期；

——不利的温度和湿度条件影响花粉的有效传播和萌发；

——花粉受病菌侵染妨碍传粉受精。

五、结果

雌花受精后子房开始发育膨大成果实。花序从开放至果实成熟为12~13个月。第1穗花序的果实第2年3—4月成熟，此穗果由于气候干旱、气温较低，果实发育较差，果小，种仁不够饱满。第2~4穗果第2年5—6月成熟，由于气候条件较好，果实品质优良。

果实产量的高低随树龄而呈现阶段性的变化。第1年的花往往不结果，第2年结果仍少，100个左右，以后逐渐增加，10~20龄树年产果约200个，20~30龄树为生命周期的盛产期，年产果达400个，30~40龄树产量开始下降，年产果150~250个，40龄以上的树进入衰老期，年产果逐渐下降至100个以下。槟榔的经济寿命约60年。

槟榔坐果率的高低，除受树龄阶段的影响外，还受其他多种因素的制约。如开花后40~60天内幼果的脱落属于果实的自疏现象，以此维持树体内营养生长和生殖生长的生理平衡；而管理不良导致养分不足所引起的大量落果，则属于生理性营养耗竭；落果还受病、虫害，不良气候条件（低温、干旱）和遗传因素等的影响。因此，为了提高槟榔的产量，必须重视选择宜林地，建立良好的植地小环境，选择良种，培育壮苗，加强抚育管理和防治病虫害等工作。

第三节　槟榔的生长环境要求

槟榔属热带雨林植物，要求高温多湿，因此，温度和湿度是它生长的主要制约因素。海南一般在海拔300 m以下山边、谷边、河边、田头和地角等五边地，成片或零星栽培槟榔。

一、光照条件

槟榔是阳性树种，对光的要求，因苗龄而异，苗和幼树需要适当的荫蔽，成龄则就需要充足的光照，如过于荫蔽就会徒长。

幼苗槟榔管理中，既要有一定荫蔽度也要有良好的种植小环境，光照太强叶片易黄化（图2-8）；成龄树往往因为满足了光照而遭到干旱和灼烧。解决的办法首先是选用沟谷的湿润小环境或在成龄槟榔树冠下，保留灌木林植被，以荫蔽和保护土壤。在幼龄槟榔园经常在根圈盖草，行间间作短期作物，减少、减轻太阳直射和干旱的不利影响，但槟榔的树冠需要在光照充足的条件下生长。

图2-8　不同光照条件下槟榔幼苗长势

二、温度

槟榔不耐高温，也不能忍耐过低的温度或日温差变化急剧的气候，要求年平均温度在22℃以上，24～28℃最宜。16℃时落叶，5℃时植株受冻，3℃时叶色变黄，叶尖枯死，果实发黑脱落，个别植株死亡。-2℃时叶片枯黄，-1℃时植株死亡。1975年冬，海南寒害严重，全岛槟榔受害达40%以上，大多数叶片枯黄，花序冻枯，小果脱落。屯昌山区气温降到1℃，成龄母树冻死20%，1~8年的幼苗冻死60%，3年以上的大苗冻死40%~50%，由此可见槟榔对温度的敏感性是随苗而异的。2021年初，白沙和儋州因温度降至3~6℃，成龄母树叶片出现大量枯死叶（图2-9）。

图2-9 低温导致槟榔叶片枯死

果实发育受温度的影响也较明显，每年3月前是第一蓬果实成熟期，正是气温较低，果实发育不良，果小、种仁不饱满，只能加工成槟干。到了5—6月，气温升高，此时成熟的果实饱满，品质较高，种用果核加工成槟玉的就是用此时间成熟的果。

三、雨量和湿度

槟榔生长时要求雨量充沛、均匀，以年降水量1 700~2 000 mm为最适宜。如降水量只有700~1 500 mm就需要灌溉。空气相对湿度在60%~80%对生长有利。成龄槟榔林的空气相对湿度一般以50%~60%较适宜。每年3—4月正是海南的干热风季节，空气湿度低，此时成熟的果品质不好，除了低温对它有影响外，干旱也是一个重要因素。

槟榔既需要水分又不能积水，在平地槟榔园多出现积水现象，因此需要加强排水，尤其在海南省琼海、三亚等市县，槟榔种植于平地及水田中，积水导致槟榔叶片黄化时有发生（图2-10）。而海南中部山区种植的槟榔多处于坡度较大的陡坡，很难进行灌溉，只能靠降水，常出现旱季缺水，叶片黄化现象。

图2-10 积水导致槟榔根系腐烂及叶片黄化

四、土壤

槟榔适宜生于深厚、肥沃、有机质丰富、排水良好的沙质壤土上,如山区的腐殖质土、河边的冲积土、村边园地。以表土为黑色沙质壤土和土层厚100 cm以上为最理想。土层深度不达80 cm,而且底层板结或有岩石的次生林地、谷地、低洼积水地都不适于种植槟榔。但如土层80 cm以下有风化的母岩则根系仍能向下扎,也可以种植。

五、风

槟榔属风媒花,常风有利于其传粉,但台风对槟榔的生长极为不利,槟榔由于根系发达、由须根组成、树冠小、茎干坚硬、长期生长在热带季风的环境里,一般不易被台风刮倒,但台风会损坏叶片,如损坏叶片4片以上,就会影响第2年花序形成。所以向阳而又避风的小环境是槟榔丰产的条件之一。在受台风影响的地区,种植槟榔时,首先应营造防护林。

六、坡向

槟榔的生长受小环境影响很大。大面积种植地带选择不当,会因风、寒遭受损失,1976年海南药材场受寒害严重。按同一山丘、同一高度、不同坡向进行考察,结果北坡受寒害比南坡严重。按同一山丘、同一坡向、不同高度进行考察,南坡山上和南坡山下受寒害稍有差异,但北坡山上比北坡山下受寒害严重得多。所以槟榔种植地应选择向阳背风南坡或东南坡下为好。

七、养分

槟榔属热带雨林植物,适宜生长在肥沃、深厚、有机质含量丰富、排水性能良好、土壤微酸性至中性的沙质壤土中。前人对槟榔的养分吸收情况做了大量研究。对于海南槟榔园土壤进行研究,槟榔园土壤基本偏酸性,有机质含量相对偏低,槟榔园基本缺钾,但各地区差异明显,调查结果初步发现缺钾与槟榔叶片黄化存在一定相关性。而槟榔园中N、P比较正常。通过比较得出:槟榔园土壤N、P、K等含量高的产量显著高于N、P、K含量低的槟榔园。可见海南槟榔产量与土壤肥力有很大相关性,而且海南岛各个地区的槟榔树营养状况没有明显的地域性差异,营养诊断指标在海南不同地区是通用的,结果可以表示海南所有地区状况。对槟榔植株进行研究,早期发现海南槟榔叶片常量元素的比值中N/K，K/Ca和K/Mg的平衡非常关键，植株中K/Ca和K/Mg都不正常时就会出现黄化现象；当植株K含量低，Ca、Mg含量就会高于正常水平，当缺Ca时，K就会高于正常水平，可见元素含量平衡非常重要。对海南槟榔园土壤与槟榔果中K、Ca、Mg、P含量进行测定，发现果实中这4种元素含量大小与土壤中含量分布规律相似，且K主要富集在根须部位，Ca、Mg、P主要富集在槟榔的叶片中，所以生产中施用足量的K肥对槟榔果产量有显著提高。针对海南槟榔挂果期植株的叶片养分研究得到N含量最大，说明花果期槟榔植株施用足够的N肥可以促进其叶片的生长，对植株营养生长有显著效果。作物生长的大部分营养都由植物根系吸收，只有少部分植物养分是通过其他器官吸收，所以对槟榔根系进行剖析，得到槟榔根系集中在0～40 cm，扩展性不高，水平分布范围为30～100 cm，根形如团网状，为典型的浅根性树种；槟榔根部N含量平均为0.053 2%，其中20～30 cm处根N含量最高，故在土壤施用肥料时浅层施肥效果最佳。通过对槟榔养分研究发现，海南的槟榔绝大多数处在对养分的需求得不到足够供应的状态，得不到中微量元素肥供给，更没有大中微量元素肥的合理配施（表2-1）。

表2-1　海南省各市县部分槟榔园土壤养分状况

地点	pH值	有机质（g/kg）	碱解氮（mg/kg）	有效磷（mg/kg）	速效钾（mg/kg）
三亚	5.3 ± 0.6	16.6 ± 4.5	86.8 ± 22.1	33.1 ± 14.7	66.96 ± 24.16
凌水	5.4 ± 0.5	16.8 ± 4.6	92.3 ± 17.7	45.3 ± 13.6	128.92 ± 23.21
万宁	5.0 ± 0.5	12.1 ± 5.4	116.2 ± 23.8	22.2 ± 11.3	57.31 ± 19.32
琼海	5.4 ± 0.7	16.6 ± 4.8	79.3 ± 18.3	23.7 ± 9.3	47.45 ± 16.34
定安	5.1 ± 0.6	24.1 ± 14.8	142.4 ± 11.2	10.2 ± 4.7	40.00 ± 6.70
文昌	5.8 ± 0.7	18.6 ± 6.9	35.4 ± 11.3	35.0 ± 8.7	19.50 ± 5.67
保亭	5.9 ± 0.7	10.9 ± 4.3	103.7 ± 26.4	30.8 ± 13.6	41.07 ± 19.35
五指山	4.9 ± 0.7	19.5 ± 6.3	109.4 ± 27.3	8.9 ± 2.7	57.62 ± 12.34
琼中	4.5 ± 0.8	21.7 ± 2.3	131.3 ± 25.4	4.8 ± 2.8	40.23 ± 8.26
屯昌	4.9 ± 0.8	14.8 ± 4.7	119.1 ± 18.8	3.82 ± 1.2	78.50 ± 17.54
澄迈	4.6 ± 0.7	16.3 ± 6.3	82.4 ± 23.6	36.9 ± 14.3	68.42 ± 25.64

（续表）

地点	pH值	有机质（g/kg）	碱解氮（mg/kg）	有效磷（mg/kg）	速效钾（mg/kg）
乐东	5.7 ± 1.2	31.5 ± 15.2	64.0 ± 17.3	126.5 ± 35.7	145.29 ± 38.26
东方	6.1 ± 1.1	12.3 ± 3.2	63.1 ± 19.2	37.1 ± 10.3	164.60 ± 42.16
昌江	4.9 ± 0.6	6.1 ± 1.30	98.8 ± 24.6	13.6 ± 6.3	69.38 ± 26.72
白沙	5.0 ± 0.5	19.3 ± 4.2	110.3 ± 25.3	7.6 ± 2.6	92.82 ± 20.41
儋州	5.4 ± 0.6	15.2 ± 3.5	83.3 ± 23.1	14.4 ± 3.6	38.52 ± 11.72
临高	4.6 ± 0.6	27.6 ± 8.6	83.9 ± 16.7	9.9 ± 2.8	105.13 ± 34.73
海口	4.9 ± 0.8	19.4 ± 5.2	58.8 ± 20.8	28.8 ± 21.6	90.33 ± 34.17
平均值	5.2	17.7	92.3	27.4	75.1
等级	酸性	四级	三级	二级	四级

槟榔叶片养分含量在不同月份间存在着明显的差异，12月至翌年3月为槟榔果采收后的养分恢复期，此时温度较低，槟榔根系活动减弱，叶片N、K含量处于较低水平，4—6月营养生长恢复，此时气温回升，槟榔根系活动增强，养分吸收增加，叶片N、K含量明显提高，花穗逐步进入分化阶段，6—9月为果实膨大期，由于养分向果实转移，叶片养分含量逐渐降低，10—11月为果实成熟期，流动性大的养分向果实和茎干等储藏器官转移，叶片养分（除Ca外）含量降低到全年的最低点。一年之中，槟榔叶片中N含量分别于6月、12月出现最高值，K含量则分别于6月、10月出现最高值，而Ca含量于11月至翌年4月出现最高值，6月出现最低值，P和Mg在一年的各个月份变化不明显。不同物候期槟榔叶片中各营养元素含量也表现出差异，营养生长期槟榔叶片中各元素含量表现为N>K>Ca>Mg>P。

槟榔不同部位对营养元素的分布和吸收存在明显差异，可能与其自身的养分需求特性有关，表现为不同部位出现养分的相互转移和积累，老叶中的N、P、K向新叶中富集，使得新叶中N、P、K含量明显高于老叶，而Ca含量则表现为老叶片含量显著高于新叶。对海南省万宁市槟榔种植园的槟榔进行研究发现，各部位对K元素的吸收能力依次为根>叶>果，对P、Ca、Mg元素的吸收能力依次为：叶>根>果。

第三章 槟榔水分需求规律

第一节 槟榔水分管理

槟榔对水分十分敏感，一旦遭受干旱影响，则会造成2~3年不能结果。槟榔若长期生长在干旱环境里，特别是在幼苗期，会导致植株死亡，但是成龄植株由于干旱影响造成死亡的现象并不常见。每年的11月至翌年4月为海南的干旱期，若此时槟榔植株受到干旱影响，则会造成槟榔的结果期推迟，甚至降低槟榔的产量。

槟榔作为海南省的第二大经济作物，水分充分灌溉对其产量及经济效益的影响十分明显。幼苗期充分灌溉能极大提高其成活率，挂果期槟榔适时灌溉能够显著提高其坐果率，达到增产增收目的。当前海南省槟榔园多数不灌溉，靠天现象普遍，而部分灌溉槟榔园仅存在传统漫灌、滴灌、喷灌等几种灌溉方式。传统灌溉方式存在一定弊端，造成水资源的浪费，有时造成积水而损伤槟榔根系，并且传统灌溉方式也受到地形的限制。喷灌和滴灌能够有效节约水分，在各种地形上均可进行有效灌溉。水肥一体化设施能够在灌溉的同时对槟榔植株进行精准施肥，节省大量的人力物力，降低成本。

第二节 槟榔水分灌溉现状

海南雨量充沛，但降雨季节、地区分布不均，而槟榔属热带雨林植物，要求雨量多，分布均匀，空气潮湿，土壤湿润的生态环境，造成海南槟榔水分缺失。海南槟榔种植多以农户为主，采取在坡地种植的传统方式，因其具有抗逆性，大多管理粗放，进行水分灌溉的槟榔园不足20%，很多槟榔园水肥管理不当、农业技术缺失，造成营养缺失、水肥失衡，严重影响了槟榔的生产发育。

第三节　槟榔水分需求规律研究

一、适宜槟榔幼苗土壤含水量的筛选

（一）不同水分处理对槟榔幼苗生长的影响

2019—2020年，笔者通过设置不同水分梯度（各梯度含水量均为田间持水量的百分数）对槟榔幼苗的生长进行探究。结果表明不同水分处理对槟榔幼苗生长影响显著，随着土壤水分的增加，幼苗的株高呈现越来越大的趋势，而幼苗的茎粗则没有显著增加的趋势。其中（75±5）%和（90±5）%处理下的株高明显高于其他处理，而槟榔幼苗的茎粗、叶面积和叶长均在（60±5）%处理下最高，达显著水平，裂叶长则在（90±5）%处理下达到最大值为18.967 cm。槟榔幼苗的根冠比在（30±5）%处理下有显著差异，比（90±5）%处理高52.8%（表3-1）。

表3-1　不同水分处理对槟榔幼苗生长的影响

处理	株高（cm）	叶长（cm）	茎粗（cm）	叶面积（cm²）	裂叶长（cm）	根冠比
（30±5）%	37.97 ± 1.24d	14.68 ± 0.73c	10.12 ± 0.32ab	546.23 ± 41.37b	17.417 ± 0.137bc	0.486 ± 0.02a
（45±5）%	44.27 ± 0.38c	15.34 ± 0.62bc	9.06 ± 0.52b	639.29 ± 14.54b	16.747 ± 0.302c	0.403 ± 0.03bc
（60±5）%	46.83 ± 0.12bc	18.25 ± 0.41a	11.31 ± 0.15a	718.40 ± 6.19a	17.920 ± 0.281b	0.464 ± 0.02ab
（75±5）%	51.87 ± 0.98a	15.39 ± 0.10bc	11.29 ± 0.31a	566.46 ± 65.95b	17.693 ± 0.247bc	0.368 ± 0.02cd
（90±5）%	49.67 ± 2.93ab	17.00 ± 0.546ab	10.17 ± 0.47ab	534.09 ± 61.01b	18.967 ± 0.536a	0.318 ± 0.02d

（二）不同土壤水分对槟榔幼苗各器官相对含水量的影响

通过对处理后60天槟榔幼苗各组织含水量进行测定，发现茎组织含水量和叶组织含水量随着土壤相对含水量的增加而增加；根组织含水量在（75±5）%处理下达最大值76.02%，比（30±5）%处理高25.2%。茎组织含水量与叶组织含水量均以（90±5）%处理最佳，其中茎组织含水量比

（30±5）%高12.2%，叶组织含水量比（30±5）%处理高9.6%（表3-2）。

表3-2　不同水分处理对槟榔幼苗各器官相对含水量的影响

处理	根组织含水量（%）	茎组织含水量（%）	叶组织含水量（%）
（30±5）%	60.71±0.78c	73.39±0.31c	68.00±0.40c
（45±5）%	66.76±1.98b	75.23±0.21c	69.24±0.65c
（60±5）%	70.24±1.01b	78.70±0.55b	72.30±0.36b
（75±5）%	76.02±0.99a	81.33±0.77a	73.04±0.21b
（90±5）%	73.98±0.16a	82.31±0.87a	74.51±0.57a

二、不同灌溉量下槟榔地土壤储水变化及耗水规律

2019—2020年笔者通过设置不同的田间持水量70%、50%，并进行灌水量、耗水量、土壤含水量、水分利用率以及产量的测定，对不同灌溉量下槟榔地土壤储水变化及耗水规律进行探究。

（一）降水量确定

试验地位于海南省定安县坡寨村金鸡岭农场（N19°35′35.9″，E110°15′38.47″）。当地温度为18.49～31.79℃，空气相对湿度为57.72%～62.32%，年平均降水量在1 000～2 600 mm，有明显的雨季和旱季，一般雨季为每年5—10月，11月至翌年5月为旱季。该试验地2019年全年降水量为2 231.63 mm（图3-1、图3-2）。

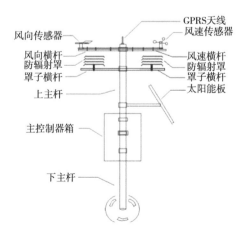

图3-1　气象站搭建

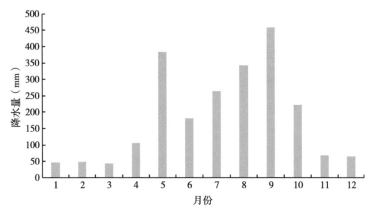

图3-2　2019年海南省定安县月平均降水量

（二）槟榔耗水量计算

水分深层渗漏的测定：设置了水分渗漏装置，收集降水量和灌溉水的渗漏量，在试验开始前划分好的小区内，1个处理放置2个渗漏装置，埋于60 cm土层下，该装置上部采用PVC板制作成接水盘，为过滤系统，接水盘面积为0.2 m²，内部铺设尼龙网（孔径0.1 mm），网内铺设5 cm厚的石英砂（粒径0.3～0.8 mm），粗沙上面用尼龙网再覆盖1层。渗漏装置底部是由PVC制作而成的体积在25～30 L的长方体储水箱，水箱上端与过滤系统出水口进行连接。渗漏收集装置的形状和大小如图3-3和图3-4所示。

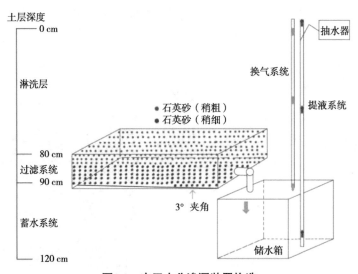

图3-3　农田水分渗漏装置构造

图3-4　农田水分渗漏装置实景

每次降水后和灌水后收集1次渗漏液，并详细记录。通过渗漏装置的面积以及时间计算单位土壤储水量，计算公式如下：

$$SWS = \frac{W_s \times \gamma \times d}{100}$$

式中，SWS为土壤储水量（g/kg）；W_s为土壤重量含水量；γ为土壤容重（g/cm^3）；d为土壤深度（cm）。土壤阶段储水变化量，计算公式如下：

$$\Delta W = SWS_i - SWS_{i+1}$$

使用水量平衡法计算作物耗水量，依据相临2次土壤水分的测定结果，计算公式如下：

$$ET_C = Pe + I + G \pm \triangle W$$

式中，ET_C为作物生育期某时段的耗水量（mm）；Pe为时段内有效降水量（mm）；I 为时段内灌水量（mm）；G 为时段内地下水补给量（mm）。土壤毛管上升水量忽略不计，因此G＝0；$\triangle W$为时段内土壤储水量的变化量（mm）。

（三）径流量的测定

在不同的灌水处理所在的区域安装简易的径流装置，每个处理3次重复，共计12个小区。每个小区内用石棉瓦搭建简易的径流场，并将带盖子的塑料大桶置于小区径流场底部凹陷坑内（塑料桶的规格为高75 cm，底面直径49 cm，筒面直径63 cm，容积为280 L）。根据小区径流场的面积（约64 m^2），计算不同灌水处理下槟榔的单位面积径流量和整个生育期的累积径流量。

（四）土壤含水量的测定

每隔15天，在距离树行的0.5、1.0、1.5、2.0 m处设取样点，用土壤水分速测仪（TPY-6A）测定0~100 cm土层的绝对含水量，每层10 cm。在降水后和灌水前加测，采用烘干法进行校正，其计算公式如下：

$$\text{土壤含水量} = \frac{\text{土壤鲜质量} - \text{土壤干质量}}{\text{土壤干质量}} \times 100\%$$

（五）有效降水量的计算

降水量的数据来自海南省定安县坡寨村金鸡岭农场槟榔基地自动气象站，有效降水量采用联合国粮农组织（FAO）推荐的经验公式计算，计算公式如下：

$$\text{Pe} = \begin{cases} 0.5 \times \text{TP} - 5(\text{TP} < 50 \text{ mm}) \\ 0.7 \times \text{TP} - 15(\text{TP} > 50 \text{ mm}) \end{cases}$$

式中，Pe为有效降水量（mm）；TP为降水量（mm）。

（六）阶段水分利用率WUE阶计算

阶段水分利用率是指作物某生育阶段制造的干物质量所消耗的水分，计算公式：

$$\text{WUE} = \frac{\text{BY}}{\Delta\text{ET}}$$

式中，WUE为槟榔水分利用率[kg/（hm²·mm）]；BY为槟榔产量（kg/hm²）；ΔET是槟榔采收期的耗水量（mm）（因槟榔成株取样困难，因此，只计算槟榔采收期的水分利用率）。

（七）不同灌水量对槟榔土壤质量含水量的影响

土壤质量含水量与灌水量和降水量有关，且不同土层的土壤质量含水量有显著差异。随着土壤深度的增加，不同灌水量的不同土层的土壤质量含水量逐渐增加（图3-5）。

（八）不同灌水量槟榔水阶段性耗水量

耗水量的多少可反映植株生育进程的快慢，不同滴灌量下槟榔不同生育时期的耗水变化量。土壤蒸发量随灌水量的增加而增加，在槟榔的任一生长时期都呈现此规律，在各生育时期，槟榔果期的蒸发量要大于其他生育时期。且在槟榔进入越冬期时，土壤水分储存量达到负值，一旦出现负值，说明土壤中的水分已不能满足槟榔的生长，因此，槟榔的越冬期时水分需求处于临界期。槟榔花期和果期的耗水量较大，以槟榔果期的耗水量最大，其次是花期，说明槟榔果期和花期是槟榔生长需水关键时期（表3-3）。

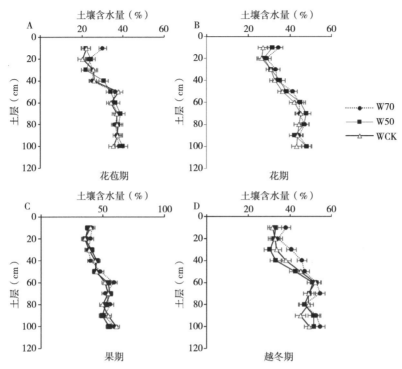

图3-5　槟榔不同时期不同滴灌量对不同土层质量含水量垂直变化

表3-3　不同滴灌量下槟榔各生育期的耗水量

生育时期	田间持水量（％）	土壤蒸发（mm）	土壤储存（mm）	土壤渗漏（mm）	土壤径流（mm）	槟榔耗水（mm）
花苞期	70	264.55a	5.4a	306.73a	110a	249.4a
	50	253.39a	3.5a	274.55a	103a	180.5b
	不灌水	237.92b	1.9b	267.34a	97b	150.6c
花期	70	405.21a	44.9a	518.15a	117a	295.3a
	50	381.2b	41.3a	500.67a	105ab	264.3b
	不灌水	363.01c	38.4a	480.59b	100b	230.5c
果期	70	436.14a	53.5a	470.85a	127a	362.8a
	50	402.50ab	47.9b	442.83b	112b	373.6a
	不灌水	376.38b	42.8c	379.77b	109b	317.6b

（续表）

生育时期	田间持水量（%）	土壤蒸发（mm）	土壤储存（mm）	土壤渗漏（mm）	土壤径流（mm）	槟榔耗水（mm）
越冬期	70	225.82a	0.7a	2.71a	126a	190.1a
	50	218.59a	−1.3b	1.78ab	122a	170.0ab
	不灌水	207.30a	−2.4b	1.24b	116b	150.9b
合计	70	1 331.72a	104.5a	1 298.44a	480a	1 101.8a
	50	1 255.68ab	87.9b	1 219.83ab	442b	995.3b
	不灌水	1 184.61b	80.7c	1 128.94b	422c	852.6b

第四节 成年挂果槟榔的灌水规律

2019—2020年，通过计算每月的降水量和灌水量，收集每月的渗漏量、径流量，测定槟榔地上部的含水量，计算槟榔叶片蒸腾量，0 ~ 40 cm土层的含水量、有效降水量和灌水量是槟榔所得水量，而渗漏量和径流量以及槟榔植株吸收的水量、散失的水量，两者之间是相等的，粗略估算槟榔每次每株灌水量。

根据取槟榔的叶脉、茎、根、新叶、老叶、雄花、雌花、果枝、苞茎、未展开叶的干重及鲜重，并依据陈才志研究得出槟榔的叶、花、果、果枝、茎生物量模型，参照此模型，结合测得槟榔各器官的干重，计算出相应的含水量（表3-4 ~ 表3-9）。

表3-4 叶片含水量

槟榔长势	叶片数（片）	叶片（cm）		叶片干重（kg/片）	总含水量（kg）
		叶长	裂叶长		
健康	9 ~ 11	1.4 ~ 1.6	0.7 ~ 1.0	1.3 ~ 1.5	29.64 ~ 30.20
一般	7 ~ 9	1.2 ~ 1.5	0.6 ~ 0.8	0.8 ~ 1.0	27.59 ~ 28.24
较弱	5 ~ 7	0.8 ~ 1.0	0.5 ~ 0.6	0.5 ~ 0.7	25.84 ~ 26.58

表3-5　花含水量

槟榔长势	梭数（梭）	每梭花数（朵）		单花（雄花+雌花）干重（μg）	总含水量（kg）
		雌花	雄花		
健康	5~6	270~360	5 000~7 000	350~400	2.80~3.20
一般	3~4	160~230	3 000~4 000	280~350	1.17~1.46
较弱	2~3	80~140	2 000~3 000	250~300	0.58~0.70

表3-6　果枝含水量

槟榔长势	梭数（梭）	单梭果枝干重（g）	总含水量（kg）
健康	5~6	253.23~278.24	7.6~8.4
一般	3~4	225.45~258.76	6.3~7.0
较弱	2~3	206.89~235.78	5.8~6.2

表3-7　果含水量

槟榔长势	梭数（梭）	单梭果数（个）	单果干重（g）	总含水量（kg）
健康	5~6	90~100	5.12~5.54	8.9~10.3
一般	3~4	85~95	4.53~5.04	8.5~9.5
较弱	2~3	75~85	4.3~4.98	7.7~8.9

表3-8　茎含水量

槟榔长势	年新生茎节数	茎节长度（cm）	单节茎干重（g）	总含水量（kg）
健康	8	2.2~5.0	334.5~350.7	3.2~3.4
一般	6	1.4~3.0	272.8~312.4	2.0~2.3
较弱	4	1.2~2.5	237.6~265.3	1.1~1.8

表3-9　不同长势槟榔每株地上部总含水量

长势	叶含水量（kg）	花含水量（kg）	果枝含水量（kg）	果含水量（kg）	茎含水量（kg）	植株总含水量（kg）
健康	29.64~34.20	2.80~3.20	7.6~8.4	8.9~10.3	3.2~3.4	52.14~59.50
一般	14.59~18.24	1.17~1.46	4.3~5.0	4.5~7.5	2.0~2.3	26.56~34.50
较弱	6.84~9.58	0.58~0.70	2.8~3.2	2.7~5.0	1.1~1.8	14.02~20.28

长势健康的槟榔植株为无病虫害、长势健壮、生长旺盛、产量高的槟榔植株；长势一般的槟榔为叶片轻微发黄、产量一般的槟榔植株；长势较差槟榔为植株有明显的病虫害、叶片黄化较严重、产量低的槟榔植株。

根据土壤渗漏量、径流量、蒸发量、土壤储水量、地表蒸发量、槟榔的蒸腾量可得出下式（株行距2 m×3 m，每亩110株）：

每亩地自然散失的水量 = 渗漏量+径流量+地面蒸发量 = 136.4 m^3。

因海南省降雨季节性强，因此仅在11月至翌年5月的旱季进行灌水，每5天灌1次，共7个月，总计灌水42次。

长势健康槟榔每次每株灌水量计算如下。

（1）按健康植株地上部含水量低值算：每次每株灌水量 = ［自然散失的水量+槟榔蒸腾水量+土壤储存量+槟榔地上部含水量（叶含水量+花含水量+果枝+果+茎）-降雨量）］/（110株×42次）= 8.7 kg/（株·次）。

（2）按健康植株地上部含水量高值算：每次每株灌水量 = ［自然散失的水量+槟榔蒸腾水量+土壤储存量+槟榔地上部含水量（叶含水量+花含水量+果枝+果+茎）-降雨量）］/（110株×42次）= 8.3 kg/（株·次）。

在11月至翌年5月的旱季进行灌水，每5天灌1次，生长健康的槟榔植株每次每株灌水8.3～8.7 kg。

长势一般槟榔每次每株灌水量计算如下。

每亩地自然散失的水量 = 渗漏量+径流量+地面蒸发量 = 125.17 m^3。

（1）按长势一般植株地上部含水量低值算：每次每株灌水量 = ［（自然散失的水量+槟榔蒸腾水量+土壤储存量+槟榔地上部含水量（叶含水量+花含水量+果枝+果+茎）-降雨量）］/（110株×42次）= 6.6 kg。

（2）按长势一般植株地上部含水量高值算：每次每株灌水量 = ［自然散失的水量+槟榔蒸腾水量+土壤储存量+槟榔地上部含水量（叶含水量+花含水量+果枝+果+茎）-降雨量）］/（110株×42次）= 6.4 kg。

在11月至翌年5月的旱季进行灌水，每5天灌1次，生长一般的槟榔植株每次每株灌水6.4～6.6 kg。

长势较弱槟榔每次每株灌水量计算如下。

每亩地自然散失的水量 = 降雨量+渗漏量+径流量+地面蒸发量 = 112.69 m^3

（1）按长势较弱植株地上部含水量低值算：每年每株灌水量 = ［自然散失的水量+槟榔蒸腾水量+土壤储存量+槟榔地上部含水量（叶含水量+花含水量+果枝+果+茎）-降雨量）］/（110株×42次）= 4.2 kg。

（2）按长势较弱植株地上部含水量高值算：每年每株灌水量 = ［自然散

失的水量+槟榔蒸腾水量+土壤储存量+槟榔地上部含水量（叶含水量+花含水量+果枝+果+茎）-降雨量）] /（110株×42次）= 4.0 kg。

在11月至翌年5月的旱季进行灌水，每5天灌1次，长势较弱的槟榔植株每次每株灌水4.0～4.2 kg。

目前市场上常用的滴灌带规格为直径为16 mm，管壁厚0.3 mm，滴头间距2 m，滴灌带间距为3 m，滴头流速1.6 L/h，利用水泵进行供水。根据上文得出的不同长势槟榔植株每次的灌水量，可得出不同长势植株每次的灌水时间（表3-10）。

表3-10 不同长势槟榔植株每次灌水时间

长势情况	长势健康槟榔	长势一般槟榔	长势较弱槟榔
每次灌水时长（h）	5.2～5.4	4.0～4.1	2.5～2.6

第五节 不同灌水量对槟榔产量及品质的影响验证

灌水量的多少影响植株各器官间养分分配，从而影响果实的产量及品质。70%的田间持水量的单果鲜重、单梭果数量、单梭果鲜重、单株果鲜重均达到最大值，表明在此灌溉水平内灌水量越大，槟榔的产量越大；不同灌水处理对槟榔果实品质的影响各异，其中70%的田间持水量所得果实的可溶性糖含量、总酚含量、纤维素含量均显著高于不灌水处理，3个处理间的维生素C含量不存在显著性差异，但是随着灌水量的减少，维生素C含量逐渐减小（表3-11、表3-12）。

表3-11 不同滴灌量下槟榔产量构成的影响

田间持水量（%）	单果鲜重（g/果）	单梭果数量（个/梭）	单梭果鲜重（g/梭）	单株果鲜重（kg/株）	产量（kg/亩）
70	24.43a	151.3a	455.7a	7.2a	787.6a
50	24.27ab	138.9a	413.7ab	5.9ab	653.0ab
不灌水	23.74b	121.4a	372.9b	4.5b	492.4b

表3-12　不同滴灌量对槟榔果实品质的影响

田间持水量（%）	可溶性糖含量（μg/g）	维生素含量（mg/g）	总酚含量（mg/L）	纤维素含量（%）
70	18.93 ± 2.75a	17.83 ± 3.29a	33.65 ± 5.87a	15.69 ± 3.07a
50	12.64 ± 2.02b	15.42 ± 2.46a	28.93 ± 6.45a	10.87 ± 2.36a
不灌水	9.36 ± 3.44b	13.27 ± 3.38a	23.34 ± 6.52b	8.54 ± 1.47b

　　随着灌水量的增加，槟榔的产量也随之增加，当灌溉量在田间持水量的70%时，槟榔的产量最大，说明槟榔适宜的灌溉量为田间持水量的70%左右，前期槟榔幼苗试验也有此印证（图3-6）。

图3-6　槟榔测产

第四章 槟榔养分需求规律

槟榔产业具有极高经济效益，已成为海南的重要经济支柱之一，然而，在槟榔的种植生产上仍旧采用"掠夺"的经营模式，槟榔养分得不到补充，甚至出现黄化现象，严重限制槟榔产量和品质。为了科学、高效地引导当地种植户施用肥料，笔者通过对槟榔不同生育时期的不同器官内营养元素含量的监测，结合槟榔生物量模型，预测主要器官干物质积累的模型，探索出槟榔不同生育时期各养分的分布和吸收规律，研究槟榔的养分需求规律首先需要与施肥地的土壤水平相结合，我们以海南儋州、定安、万宁、琼中这4个地区为例。

第一节 槟榔对养分需求的研究现状

一、海南省槟榔园土壤养分分布情况

海南槟榔园区土壤类型有砖红壤、赤红壤、火山灰土、滨海沙土等，其中以砖红壤为主。槟榔属热带雨林植物，适宜生长在肥沃、深厚、有机质含量丰富、排水性能良好、土壤微酸性至中性的沙质壤土中，槟榔园区土壤营养成分在很大程度上影响着槟榔的品质和产量。海南省琼海、万宁、屯昌、陵水、儋州、三亚6个市县的槟榔园区土壤主要呈酸性，碱解N含量较丰富，有机质含量偏低，全N处于极度贫乏，有效P含量偏低，速效K含量处于中等水平。谭业华等人对海南定安、屯昌、万宁、三亚4个市县的槟榔园区土壤调查发现，槟榔园区土壤有机质处于较优水平，全N处于中等水平，全P处于丰富水平，全K处于中等水平，阳离子交换量处于较差水平，槟榔土壤全P、全K、Zn、Cu、Mn变异系数较大，含量分布不均匀。海南省东部自然区槟榔园区土壤有机质缺乏，全N、碱解N均处于低等水平，有效P处于极缺水平，速效K处于极缺水平，阳离子交换量中等，交换性Ca、交换性Mg处于中等水平，有效Mn处于高等水平，有效Cu处于中等水平，有效Zn、有效B处于低等水平，槟榔根际土壤中碱解N处于中等水平，速效K处于缺乏水平，有效Zn根区处于中等水平。海

南万宁市土壤有机质含量较低，N素含量适中，P素含量偏低，K素含量严重缺乏。海南省屯昌县槟榔园区土壤呈现弱酸性，土壤有机质含量处于中等水平，碱解N较为丰富，有效P处于极缺乏水平，速效K处于中等水平。万宁市、保亭县两地土壤均呈现较强的酸性，且有机质、碱解N均处于较适宜水平，P、K则表现出极度缺乏。在热带地区，土壤养分随着种植年限的增加普遍存在下降情况。对海南槟榔野外调查发现，土壤养分含量与种植年限有紧密联系，随着槟榔种植年限增加，土壤有机质、全N、全P、全K和碱解N、有效P、速效K含量呈现先增加后降低的趋势。而对于10年生以上的槟榔树，随着槟榔种植年限的不断增加，槟榔园土壤中有机质、阳离子交换量、碱解N、全N、有效P、全P、交换性Ca、全Ca、交换性Mg、有效Zn、全Zn、有效Cu等含量均有不同程度的下降。

二、槟榔对养分吸收及分布规律

国内不少学者对槟榔矿质营养元素进行了测定分析，通过对不同地区、不同生长年限、不同产量以及不同器官的槟榔营养状况的分析来研究槟榔的营养特性。通过对海南省儋州、屯昌、定安以及琼海4个市县正常槟榔园区的调查和研究分析，初步确定槟榔正常结果树养分含量的适宜范围为N 25～30 g/kg、P 2.2～2.4 g/kg、K 8.0～10.0 g/kg、Ca 4.0～5.5 g/kg、Mg 2.4～2.8 g/kg。槟榔正常幼树为N 25～27 g/kg、P 1.7～2.3 g/kg、K 7.0～9.5 g/kg、Ca 4.0～5.0 g/kg、Mg 1.8～2.4 g/kg。应用诊断施肥综合法（DRIS）对万宁市高产和低产槟榔叶片进行营养诊断，发现槟榔叶片中适宜N含量为19.86～21.20 g/kg、适宜P含量为1.89～1.91 g/kg、适宜K含量为12.84～13.76 g/kg、适宜Ca含量为6.57～7.71 g/kg、适宜Mg含量为3.27～4.09 g/kg、适宜Fe含量为105.34～113.66 mg/kg、适宜Mn含量为103.48～121.52 mg/kg、适宜Cu含量为5.43～6.71 mg/kg、适宜Zn含量为31.08～31.38 mg/kg。

槟榔叶片养分含量在不同月份间存在着明显的差异，12月至翌年3月为槟榔果采收后的养分恢复期，此时温度较低，槟榔根系活动减弱，叶片N、K含量处于较低水平，4—6月营养生长恢复，此时气温回升，槟榔根系活动增强，养分吸收增加，叶片N、K含量明显提高，花穗逐步进入分化阶段，6—9月为果实膨大期，由于养分向果实转移，叶片养分含量逐渐降低，10—11月为果实成熟期，流动性大的养分向果实和茎干等储藏器官转移，叶片养分（除Ca外）含量降低到全年的最低点。一年之中，槟榔叶片中N含量分别于6月、

12月出现最高值，K含量则分别于6月、10月出现最高值，而Ca含量于11月至翌年4月出现最高值，6月出现最低值，P和Mg在各个月份变化不明显。不同物候期槟榔叶片中各营养元素含量也表现出差异，营养生长期槟榔叶片中各元素含量表现为N>K>Ca>Mg>P。

槟榔不同部位对营养元素的分布和吸收存在明显差异，可能与其自身的养分需求特性有关，表现为不同部位出现养分的相互转移和积累，老叶中的N、P、K向新叶中富集，使得新叶中N、P、K含量明显高于老叶，而Ca含量则表现为老叶片含量在槟榔养分分布规律及推荐施肥技术研究中显著高于新叶。对海南省万宁市槟榔种植园的槟榔进行研究发现，各部位对K元素的吸收能力依次为根>叶>果，对P、Ca、Mg元素的吸收能力依次为：叶>根>果。对海南省多个市县地区的槟榔主产区调查发现，N元素主要集中在槟榔果和叶片中，P、K则主要集中在叶柄和果柄中，Ca、Mg主要集中在槟榔叶片中，叶片营养元素含量大小顺序为N>K>Ca>Mg>P，微量元素的含量大小顺序为Mn>Fe>Zn>B>Cu。海南省海口、屯昌、琼海以及陵水4个市县的槟榔幼、青果中营养元素含量的大小顺序为K>N>Ca>Mg>P，成熟果中营养元素含量的大小顺序为N>K>Ca>Mg>P，微量元素含量大小顺序则为Fe>Mn>Zn>Mo>Cu，微量营养元素主要集中在果皮中，果肉、果核中含有较高的Fe、Zn。

三、各元素在槟榔生长发育中的作用

根据营养元素所占植株干重的比值，把营养元素划分为大量元素、中量元素、微量元素。比值在1%以上的称为大量元素，农业生产上通常指N、P、K 3种元素，0.1%～1%的元素划分为中量元素，包括Ca、Mg 2种元素，比值在0.01%以下的元素定为微量元素，包括Fe、Mn、Zn、Cu、B 5种微量元素。

N是植株体内不可或缺的营养元素，是构成细胞原生质、核酸、氨基酸、蛋白质、磷脂、维生素、生物碱、叶绿素及酶类等的重要成分，这些是细胞内的生理代谢活动必需物质且影响着作物的生长发育。N也是评价作物长势的重要指标之一，直接关系到植株器官分化和植物体的形态建成。植株缺N会使作物生长缓慢、收获产量下降、影响光合效率。

P是构成核酸、磷脂以及含磷辅酶的基本元素，参与植株体内的能量转化以及多种代谢过程，能提高植株体内相关酶的生理活性，增强植物的代谢活性，促进植株根系的发育，增强植株的抗逆性，促进花芽分化，提高坐果率，提升果品和产量等。

K是植物体内极其重要的阳离子之一，具有较强的移动性，与其他元素间存在着复杂的拮抗效应，在植株体内扮演着平衡离子的关键角色。K还是植株体内60多种酶的活化剂，能促进多种代谢反应，促进光合作用，参与碳水化合物的合成、运输和转化，提高树体的抗逆性，增加作物产量和品质等。

Ca是维持细胞壁的结构、稳定细胞膜的功能的重要营养元素，同时还是多种关键酶的组成部分，参与植株细胞内的生理调节，提高植株对逆境的适应性，还能调节细胞内阴阳离子平衡，消除某些离子过多产生的毒害。

Mg是光合作用中叶绿素的重要组成成分，还是植物体内多种酶的活化剂，植物的光合作用、糖酵解、三羧酸循环等过程中的几十种酶都需要Mg激活，Mg在植株体内较易移动，老叶中Mg可向新叶中转移，缺Mg植株果实产量和品质会严重降低。

Fe是许多酶的主要组成部分，参与植物的光合作用，起到催化合成叶绿素的作用，还参与植物的呼吸作用，是植物中氧的载体。Fe还是植物吸收利用N和P的限制因素，Fe缺乏时，植株不能充分利用N和P。Mn能活化糖酵解过程中某些酶的活性来促进碳水化合物的水解，提高植株的呼吸强度，调节体内氧化还原反应，调节植物对Fe吸收的比例平衡，促进种子萌发和幼苗早期生长，加快种子内淀粉和蛋白质的水解速度，促进养分的及时供应。

Cu是叶绿素合成过程中的重要元素，参与植物的光合作用，能提高光合色素的稳定性，避免叶绿素过早遭受破坏，提高光合效率，Cu是植物体内多种氧化酶的成分，也是呼吸作用的触媒对糖类和蛋白质的代谢过程起着重要作用。

Zn是许多酶的组成成分，能直接参与合成生长素与叶绿素，能催化合成蛋白质，参与植物体内一些物质的水解、氧化还原过程，能促进生殖器官发育和提升植物抗逆性、促进种子成熟，Zn缺乏时植物体内特别是芽和茎的生长素明显减少，叶绿素的合成受到抑制会发生失绿现象。

B与植物细胞结构、组织分化、碳水化合物的合成与运输以及蛋白质和核酸代谢有密切关系。B参与植物体内碳水化合物的分配和运转，促进植物细胞分生组织的伸长和分裂，对植物生殖器官的形成和发育以及受精有激发作用，还影响着植物体内某些酶的活性。

四、槟榔各阶段养分分布规律

经笔者研究发现槟榔植株处于越冬期时，主要表现为营养生长状态，体内可循环元素（N、P、Mg）主要集中在嫩叶中，Ca、Mn主要集中在老叶中，K

主要集中叶脉中，Fe、Cu主要集中在根中，Zn主要集中在茎中，B主要集中在苞叶中。

槟榔由越冬期进入花苞期，根、茎对N、Ca、Cu需求上升；叶内P、N、Mg、B、Zn、Fe、Mn含量下降；叶脉中Mn、Zn、Cu含量下降；心叶中B、Fe含量下降；苞叶中Mn、B、Zn含量下降，对Mg、P、Fe需求上升；花苞对各养分需求急剧上升。

槟榔花苞进入发育旺盛期，槟榔植株调整营养元素吸收以及分布，主要表现在根系营养元素元素的吸收增加，形成从根、茎、苞叶到花苞的富集动态供应链，其次是植株调节营养元素的分布，表现在各器官内营养元素含量下降而花苞中营养元素含量上升。

槟榔植株处于花苞期时，植株生殖生长强于营养生长，此时各营养元素明显向花苞部位富集，N主要富集于雌花内，P、Mg、B主要富集于花枝内，K、Ca、Fe、Cu、Zn、Mn主要富集于雄花。

槟榔由花苞期进入花期，槟榔花处于盛开时期，各部位对营养元素的需求已基本达到饱和状态或呈现明显降低趋势，花器官内各营养元素含量有所下降，可能与雄花脱落带走养分有关，但雌花和雄花对于P的需求上升，雌花对Mn、Cu的需求上升，雄花对Mn、Fe的需求上升，花枝对Fe需求上升。心叶对N、P、B需求上升，新叶对K、Mg、B需求上升。

槟榔植株处于花期时，营养生长与生殖生长相当，此时花枝逐渐成熟，雌、雄花盛开，花枝中P、Mn下降，雌花中Fe含量下降，而雄花中P、Mn、Fe含量均上升，花器官中N、K、Ca、Mg、Cu、Zn、B含量下降，心叶中N含量较高，叶脉中K含量较高，雄花中Ca、Cu含量较高，花枝中Mg、Zn含量较高，雌花中B含量较高。

槟榔由花期进入果期，根对P、Ca、B、Mn、Zn需求上升；茎对P、B、Mn需求上升；新叶对Ca、B、Mn需求上升；老叶中K含量上升，各微量元素含量均呈现出下降趋势；叶脉对P、K、B、Mn、Fe需求上升；果枝内Zn、Cu、Fe、Mn含量下降，对B需求上升，果对K、B、Fe需求上升，心叶对各营养元素需求均呈上升趋势（除Cu外），苞叶对Mg、P、B、Cu、Fe需求上升，而对N、K、Mn、Zn需求下降。

槟榔进入果期，此时，槟榔果处于成熟期，对K、B、Fe的需求上升，对N、P、Ca、Mg、Mn、Cu、Zn需求下降，N、P、Mg、Zn主要集中于心叶，Ca、Mn集中于老叶，Cu集中于叶脉。研究44株槟榔植株对P、Ca、Mg、Fe、Cu、Zn的需求主要集中在花苞期，对N、K、B的需求集中在花苞期和果期，对Mn的需求主要集中在花期。张少若等人认为在花苞期时，槟榔处于营养生长恢复期，叶片对N、K的需求逐渐上升，雌花和雄花分化以及果实膨大使得养分向生殖器官富集。槟榔叶片中N含量高峰期出现在6月和12月，K含量的高峰期出现在6月和10月。槟榔在花苞生长阶段对K的需求量大，果实膨大期对N的需求量大。花期以及结果期对K、Ca需求量较大。老叶中Ca含量显著高于新叶。营养生长期，槟榔叶片中N、K、Ca含量较高。槟榔果中含有较高的Fe。槟榔叶脉以及花枝、果枝中含有较多的P、K，Ca、Mg主要集中在槟榔叶片中。Bhat等对印度Vittal的槟榔叶片研究发现，大量元素含量顺序为N>K>Ca>P>Mg，微量元素含量顺序为Fe>Mn>Zn>B>Cu。

五、不同健康状态槟榔养分总量差异分析

槟榔植株能调节各营养元素总量在器官的分布多少来适应外界环境，不同健康状态下槟榔各器官内营养元素总量出现较大差异主要集中在功能性器官和生殖器官内，如叶、叶脉、心叶、花苞、果和果枝，正常槟榔茎中P、Mg总量显著低于轻度黄化，正常槟榔叶片内N、P、K、Ca、Mg、Fe、Mn、Zn、Cu总量显著高于黄化组；正常组叶脉中P、K、Ca、Mg、Fe、Mn、Zn、Cu总量显著高于黄化组；正常槟榔心叶中N、P、K、Mg、Fe、Mn、Zn总量显著高于黄化组；正常槟榔花苞、果和果枝中各营养元素总量均显著高于黄化组。槟榔叶、叶脉中以Mn、Zn、Fe、K、Ca总量相差程度最大，心叶中以Mn、Fe、P、Ca、N总量相差程度最大，花苞中以Mn、B、Fe、Ca、Zn总量相差程度最大，果中以Mn、Fe、Zn、K、N总量相差程度最大，果枝中以Mn、N、K、Fe、Zn总量相差程度最大。Bhat等发现，正常槟榔茎内Ca总量高于其他部位，而茎和叶中的Mg总量相似。Yadava发现槟榔叶黄化发病初期缺少N、P、Mg、Zn。Dhananjaya等对印度西南部的Karnataka槟榔叶片研究发现，黄化的槟榔叶片中的N、Mg、Mn含量均低于正常组。

不同健康状态下槟榔体内各营养元素年均总量均未达到显著差异。正常组槟榔N、K、Mn、Zn、Cu总量均较黄化组高，且相差程度以N、Mn、K、Cu较为严重。而在不同生育期间，不同健康状态下槟榔体内各营养元素总量存在显著差异，以花苞期正常组槟榔体内各营养元素含量显著高于其他组，说明槟榔对各营养元素的需求主要集中在花苞期，此时施肥对槟榔最有利，综合各营养元素年均总量，对于琼中县、万宁市、定安县、儋州市等4个地区黄化组

槟榔，为缩小与正常组之间的差异，应适当补充的施肥量为：N 192.38 g/株，K 125.45 g/株，Mn 323.96 mg/株，Zn 109.35 mg/株，Cu 106.86 mg/株。

第二节　海南省槟榔生物量模型的构建及应用

槟榔在生长发育过程中，为了适应生境的变化，能优化各器官中营养物质的分配。研究结果表明，槟榔地下部分生物（RDW）主要与0 m茎粗（SD_0）有关，相关模型为$RDW = 0.504\ 4 \times SD_0 - 8.393\ 5$，决定系数$R^2$为0.221 7，均方根误差RMSE为9.532 5，外部验证为$Y_1 = 0.542\ 4 \times X_1 + 6.484\ 8$，相关系数R为0.390 6；

槟榔茎生物量（SDW）主要与株高（PH）和1 m茎粗（SD_1）有关，相关模型为$SDW = 0.727\ 4 \times SD_1 + 0.039\ 6 \times PH - 35.484\ 4$，决定系数$R^2$为0.710 6，均方根误差RMSE为6.189 4，外部验证为$Y_1 = 0.934\ 3 \times X_1 + 1.374\ 4$，相关系数R为0.839 9；

槟榔叶生物量（LDW）主要与叶片数量（LN）、1 m茎粗、茎节长度（IL）有关，相关模型为$LDW = 0.280\ 6 \times LN + 0.155\ 6 \times SD_1 - 0.216\ 3 \times IL - 3.266\ 1$，决定系数$R^2$为0.446 1，均方根误差RMSE为1.092 3，外部验证为$Y_1 = 0.553\ 5 \times X_1 + 1.399\ 8$，相关系数R为0.483 0；

槟榔花生物量（FDW）主要与雌花数量（FN）、基部厚度（BT）、2级分枝数（BN_2）有关，相关模型为$FDW = 0.286\ 0 \times FN + 5.449\ 3 \times BT + 1.202\ 6 \times BN_2 - 106.029\ 1$，决定系数$R^2$为0.661 3，均方根误差RMSE为52.183 4，外部验证为$Y_1 = 1.162\ 3 \times X_1 + 5.980\ 2$，相关系数R为0.916 9；

槟榔果生物量（FrDW）主要与果数量（FrN）、侧枝展开长度（LL）有关，相关模型为$FrDW = 3.048\ 6 \times FrN + 4.160\ 6 \times LL - 87.304\ 9$，决定系数$R^2$为0.840 1，均方根误差RMSE为85.636 2，外部验证为$Y_1 = 1.068\ 7 \times X_1 - 27.483\ 3$，相关系数R为0.919 8；

槟榔果（枝）总生物量（FtDW）主要与果数量（FrN）、侧枝展开长度（LL）、主枝长度（ML）相关，相关模型为$FtDW = 3.531\ 3 \times FrN + 4.760\ 8 \times ML + 3.626\ 8 \times LL - 183.945\ 0$，决定系数$R^2$为0.890 0，均方根误差RMSE为84.226 0，外部验证为$Y_1 = 1.058\ 3 \times X_1 - 25.166\ 8$，相关系数R为0.950 5。

第三节 基于槟榔生物量模型及养分含量 推荐槟榔施肥补充量

槟榔一年内脱落7片老叶、生长7个茎节、收获4梭成熟槟榔果，都会带走槟榔体内养分，需要通过从土壤中吸收养分来补充。鉴于此，通过将琼中县、万宁市、定安县、儋州市等4个地区槟榔（72株）茎、老叶、果（枝）器官养分含量测定结果和茎、叶、果（枝）干物质积累模型结合起来，使槟榔因收获、脱落等方式而丢失的养分，能通过简单易测的指标来估算，对槟榔生产上施肥具有一定的应用价值。

一、基于槟榔健康状态反应和产量收获移走量施肥

借鉴于作物施肥的理论，基于海南槟榔黄化现象，从正常与黄化槟榔养分对比亏缺的角度分析，基于健康状态反应和一年内作物的移走量给出施肥量（施肥量＝作物健康状态反应+收获物移走量+新生长需要量），健康状态反应由正常和黄化的养分总量差求得。

二、分析方法

正常植株收获、脱落等方式缺失的营养，利用干物质量模型和脱落器官内养分含量来估算丢失的养分。黄化植株应补充的施肥量＝作物状态反应施肥量+叶、果移走量+茎新生长量。作物状态反应施肥量为正常组与黄化组（取轻度黄化与重度黄化的年平均值）养分年均总量之差，槟榔作物收获移走量和生长所需量，以槟榔每年掉落7片叶、抽生7个茎节、收获4梭槟榔果计算移走量和生长所需量。由已获取的数据，已知每株槟榔树平均叶片数为9片叶，平均茎节数为78节。

三、基于槟榔生物量模型及养分含量推荐槟榔施肥补充量

通过茎、叶、果（枝）干物质积累量模型，结合槟榔茎、叶、果（枝）内各养分的年均含量，计算各器官收获移走量和新生长需补充量。

（一）干物质积累模型

茎SDW（kg）＝ $0.727\,4 \times SD_1 + 0.039\,6 \times PH - 35.484\,4$，$R^2 = 0.710\,6$

叶LDW（kg）=0.280 6×LN+0.155 6×SD_1-0.216 3×IL-3.266 1，R^2=0.446 1

果FtDW（g）=3.531 3×FrN+4.760 8×ML+3.626 8×LL-183.945 0，R^2=0.890 0

（二）各组分需求量

经研究发现每株槟榔树平均茎节数量为78节，对槟榔茎干物质积累量的模型便是基于整株茎干重的数学模型，按槟榔茎一年抽生7个茎节计，那么各养分需求见表4-1。

$$槟榔茎需求量=\frac{7}{78}×SDW×茎各养分含量$$

表4-1　新生茎节对各养分的需求量

养分	补充施肥量
N	N（g）=0.54SD_1+2.96PH-26.49
P	P（g）=0.07SD_1+0.39PH-3.47
K	K（g）=0.44SD_1+2.40PH-21.46
Ca	Ca（g）=0.35SD_1+1.90PH-16.98
Mg	Mg（g）=0.09SD_1+0.49PH-4.38
Fe	Fe（g）=0.02SD_1+0.12PH-1.09
Mn	Mn（mg）=0.90SD_1+4.90PH-43.89
Zn	Zn（mg）=2.79SD_1+15.19PH-136.12
Cu	Cu（mg）=0.66SD_1+3.58PH-32.06
B	B（mg）=0.97SD_1+5.31PH-47.56

注：1. 引自陈才志，2020。

　　2. SD_1指距地1 m处茎的粗度（cm），PH指槟榔植株的株高（cm）。

经研究发现每株槟榔树一年内任一时期平均保留9片叶，对槟榔叶干物质积累量的模型便是基于树体全部叶片的数学模型，按槟榔叶一年掉落7片老叶计，那么各养分需求见表4-2。

$$槟榔叶片移走量=\frac{7}{9}×LDW×老叶各养分含量$$

表4-2 槟榔叶片脱落带走的各养分量

养分	补充施肥量
N	N（g）=4.03LN+2.23-3.10IL-46.87
P	P（g）=0.43LN+0.24SD$_1$-0.33IL-5.04
K	K（g）=1.50LN+0.83SD$_1$-1.15IL-17.42
Ca	Ca（g）=1.92LN+1.06SD$_1$-1.48IL-22.34
Mg	Mg（g）=0.47LN+0.26SD$_1$-0.36IL-5.45
Fe	Fe（mg）=22.70LN+12.59SD$_1$-17.49IL-264.17
Mn	Mn（mg）=10.43LN+5.79SD$_1$-8.04IL-121.45
Zn	Zn（mg）=3.09LN+1.71SD$_1$-2.38IL-35.95
Cu	Cu（mg）=1.50LN+0.83SD$_1$-1.15IL-17.43
B	B（mg）=2.94LN+1.63SD$_1$-2.26IL-34.19

注：1. 引自陈才志，2020。

2. LN指叶片数量（片），SD$_1$指距地1 m处茎的粗度（cm），IL指槟榔平均茎节长度（cm）。

槟榔果（枝）干物质积累量的模型是基于槟榔每一梭槟榔果（枝）总干重的数学模型，按平均每年收获4梭槟榔果（枝）计，那么各养分需求见表4-3。

槟榔果（枝）移走量 = 4 × FtDW × 果、果枝平均养分含量

表4-3 槟榔果收获所带走的各养分量

养分	补充施肥量
N	N（g）=0.22FrN+0.3 mL+0.23LL-11.63
P	P（g）=0.03FrN+0.04 mL+0.03LL-1.6
K	K（g）=0.14FrN+0.19 mL+0.14LL-7.22
Ca	Ca（g）=0.07FrN+0.1 mL+0.07LL-3.8
Mg	Mg（g）=0.03FrN+0.04 mL+0.03LL-1.57
Fe	Fe（mg）=1.57FrN+2.11 mL+1.61LL-81.69
Mn	Mn（mg）=0.25FrN+0.34 mL+0.26LL-12.94
Zn	Zn（mg）=0.23FrN+0.3 mL+0.23LL-11.73
Cu	Cu（mg）=0.1FrN+0.13 mL+0.1LL-4.97
B	B（mg）=0.64FrN+0.86 mL+0.65LL-33.10

注：1. 引自陈才志，2020。

2. FrN指果数量（个），ML指果枝主枝长度（cm），LL指果枝侧枝展开长度（cm）。

第四节 综合推荐施肥量

基于叶片脱落、果实收获等方式，导致正常槟榔植株养分流失，对正常槟榔各器官干物质积累量及其含量研究发现，槟榔应补充的各元素量如下。

大、中量元素

$$N（g）=4.03 \times LN+2.77 \times SD_1+2.96 \times PH+0.22 \times FrN+0.30 \times ML+0.23 \times LL-3.10 \times IL-84.99$$

$$P（g）=0.43 \times LN+0.31 \times SD_1+0.39 \times PH+0.03 \times FrN+0.04 \times ML+0.03 \times LL-0.33 \times IL-10.11$$

$$K（g）=1.50 \times LN+1.27 \times SD_1+2.40 \times PH+0.14 \times FrN+0.19 \times ML+0.14 \times LL-1.15 \times IL-46.10$$

$$Ca（g）=1.92 \times LN+1.41 \times SD_1+1.90 \times PH+0.07 \times FrN+0.10 \times ML+0.07 \times LL-1.48 \times IL-43.12$$

$$Mg（g）=0.47 \times LN+0.35 \times SD_1+0.49 \times PH+0.03 \times FrN+0.04 \times ML+0.03 \times LL-0.36 \times IL-11.40$$

微量元素

$$Fe（mg）=22.70 \times LN+34.94 \times SD_1+121.67 \times PH+1.57 \times FrN+2.11 \times ML+1.61 \times LL-17.49 \times IL-1\,436.12$$

$$Mn（mg）=10.43 \times LN+6.69 \times SD_1+4.90 \times PH+0.25 \times FrN+0.34 \times ML+0.26 \times LL-8.04 \times IL-178.28$$

$$Zn（mg）=3.09 \times LN+4.50 \times SD_1+15.19 \times PH+0.23 \times FrN+0.30 \times ML+0.23 \times LL-2.38 \times IL-183.80$$

$$Cu（mg）=1.50 \times LN+1.49 \times SD_1+3.58 \times PH+0.10 \times FrN+0.13 \times ML+0.10 \times LL-1.15 \times IL-54.46$$

$$B（mg）=2.94 \times LN+2.60 \times SD_1+5.31 \times PH+0.64 \times FrN+0.86 \times$$
$$ML+0.65 \times LL-2.26 \times IL-114.85$$

对于本试验4个地区的黄化组槟榔，为缩小与正常组之间的差异，应适当补充的施肥量为：N 192.38 g/株，K 125.45 g/株，Mn 323.96 mg/株，Zn 109.35 mg/株，Cu 106.86 mg/株，那么一年内黄化组槟榔基于生物量模型、健康状态反应和产量移走量的综合施肥测量如下。

大、中量元素

$$N（g）=4.03 \times LN+2.77 \times SD_1+2.96 \times PH+0.22 \times FrN+0.30 \times$$
$$ML+0.23 \times LL-3.10 \times IL+107.39$$

$$P（g）=0.43 \times LN+0.31 \times SD_1+0.39 \times PH+0.03 \times FrN+0.04 \times$$
$$ML+0.03 \times LL-0.33 \times IL-10.11$$

$$K（g）=1.50 \times LN+1.27 \times SD_1+2.40 \times PH+0.14 \times FrN+0.19 \times$$
$$ML+0.14 \times LL-1.15 \times IL+79.35$$

$$Ca（g）=1.92 \times LN+1.41 \times SD_1+1.90 \times PH+0.07 \times FrN+0.10 \times$$
$$ML+0.07 \times LL-1.48 \times IL-43.12$$

$$Mg（g）=0.47 \times LN+0.35 \times SD_1+0.49 \times PH+0.03 \times FrN+0.04 \times$$
$$ML+0.03 \times LL-0.36 \times IL-11.40$$

微量元素

$$Fe（mg）=22.70 \times LN+34.94 \times SD_1+121.67 \times PH+1.57 \times FrN+2.11 \times$$
$$ML+1.61 \times LL-17.49 \times IL-1\ 436.12$$

$$Mn（mg）=10.43 \times LN+6.69 \times SD_1+4.90 \times PH+0.25 \times FrN+0.34 \times$$
$$ML+0.26 \times LL-8.04 \times IL+145.68$$

$$Zn（mg）=3.09 \times LN+4.50 \times SD_1+15.19 \times PH+0.23 \times FrN+0.30 \times$$
$$ML+0.23 \times LL-2.38 \times IL-74.45$$

$$Cu（mg）= 1.50 \times LN + 1.49 \times SD_1 + 3.58 \times PH + 0.10 \times FrN + 0.13 \times$$

$$ML + 0.10 \times LL - 1.15 \times IL + 52.40$$

$$B（mg）= 2.94 \times LN + 2.60 \times SD_1 + 5.31 \times PH + 0.64 \times FrN + 0.86 \times$$

$$ML + 0.65 \times LL - 2.26 \times IL - 114.85$$

以该区域66株试验槟榔测定指标的平均数为例：叶片数（LN）为9片，1 m茎粗（SD_1）为37.6 cm，株高（PH）7.78 m，茎高587 cm，节数78节，平均节间长度（IL）＝茎高/节数＝7.53 cm，平均每梭槟榔果数量（FrN）58个，平均每梭果枝的主枝展开长度（ML）为40.8 cm，平均每梭果枝的侧枝展开长度（LL）为42.2 cm。

若该株槟榔树正常，则一年应补充的各元素量为：N 89.82 g、P 10.6 g、K 46.94 g、Ca 41.91 g、Mg 11.73 g、Fe 1 141.91 mg、Mn 184.06 mg、Zn 148.75 mg、Cu 49.58 mg、B 133.3 mg。

若该株为黄化病株，则一年应补充的各元素量：N 282.20 g、P 10.60 g、K 172.39 g、Ca 41.91 g、Mg 11.73 g、Fe 1 141.91 mg、Mn 508.02 mg、Zn 258.10 mg、Cu 156.44 mg、B 133.3 mg。

第五章 水肥一体化技术现状

　　水肥一体化技术是将可溶性固体或液体肥料，按土壤养分含量和作物种类，生长发育阶段以及作物的需肥规律等特点，按照相应比例将肥料和灌溉水配比，使水肥融合，借助管道压力系统或地形自然落差，通过可控管道系统和滴头、喷头形成滴灌、喷灌，定时、定量、均匀地向作物生育环境或根系输送肥料与水分，使根系土壤始终保持疏松和适宜的含水量，或使叶片得到适宜的肥水供应；同时根据不同作物种类、不同生长期的需肥点，土壤环境和养分含量状况，科学合理按比例直接提供给作物养分。这项技术主要借助于灌溉系统，将灌水和施肥相结合，以灌溉系统中的水分为载体，在灌溉的同时进行施肥，实现水肥一体化利用与管理，使水分和肥料在土壤中以优化的组合状态供应给作物吸收利用。

第一节　水肥一体化技术简介

　　水肥一体化技术是一种新兴农业灌溉施肥技术，在灌溉的同时实现肥料的施用，是现代农业生产的一项重要技术，在农业生产应用中具有明显优势。水肥一体化技术与传统的灌溉施肥技术相比可以充分利用水肥资源，提高农业生产经济效益。因此，精准的水肥一体化技术是促进我国农业生产可持续发展的关键。

　　水肥一体化是将灌溉与施肥耦合一体的先进农业技术，将传统的浇地改为浇作物，肥随水走，以水促肥，实现水分和养分的同步供应。水肥一体化技术可提高水肥利用效率，提升作物的产量及品质，降低劳动力成本；还可减轻农作物的病虫害，改良土壤环境，保护环境，实现经济效益与环境保护的有机统一，是目前国际上公认的最好的灌溉施肥技术。2015年1月，农业部提出了"一控两减三基本"的总体目标，要求控制农业用水总量，提高农田灌溉水有效利用系数至0.55；减施肥药，实现化肥、农药用量零增长，确保肥料、农药利用率提高到40%以上，而水肥一体化正是实现这一目标的最佳手段。

第二节 国内外水肥一体化技术应用现状

一、水肥一体化技术应用现状

国外水肥一体化技术发展得较早，水肥一体化技术在发达国家早已大量投入到实际农业生产之中。发达国家农业物联网技术也已经比较成熟，主要运用在农业资源利用、农业生态环境监测、农业生产管理等方面。水肥一体化技术与物联网技术的结合是发达国家农业水平持续提升的重要原因之一，也是推动现代化智能农业快速发展的重要原因。根据不同国家的实际情况，其发展也各有特点。

（一）以色列水肥一体化技术及其应用

以色列在沙漠农业使用智能灌溉节水设备上技术位居世界第一，其水肥一体化在农业生产中应用比例高达90%以上。以色列人均耕地面积仅为0.057 5 hm²，总体耕地面积较少，且人均可利用水资源量仅为271 m³，这对以色列农业生产提出了巨大挑战。经过研究人员的不懈努力，以色列研发出了世界领先的滴灌、喷灌、微滴灌、微喷灌技术，早在20世纪50年代就已经代替了传统长期使用的漫灌方式。建立起了成熟完善的水肥一体化技术体系，应用在极为缺水的地区和沙漠地区，获得了显著成效。20世纪80年代开始，以色列开发自动推进机械灌溉系统，实现肥料罐、文丘里真空泵和水压驱动肥料注射器等多种形式并存，并且加入计算机控制技术，提高养分分布均匀度，水肥效率大幅度提高。

（二）美国水肥一体化技术发展

美国的水肥一体化技术发展起步较早，因此水肥一体化智能灌溉设备比较发达。1995年美国4 500多个农场进行施肥灌溉时，大规模的灌溉区已经设置有调度中心进行自动控制。为使水肥灌溉成效更佳，美国通过分析水肥混合后肥料的分布规律及水肥混合系统中的压力特点，制定出一系列灌溉制度，实施之后总体提高了10.5%的肥料利用率。研究人员继续对水肥灌溉技术不断研究和改良，于是可实现精确配肥的水肥一体化技术问世，该技术极大地减少了水资源的浪费以及因水肥配比不合理而导致的一系列问题。随着物联网技术的崛起和快速发展，美国率先将物联网技术运用在农业生产中。

美国对水溶性肥料的研究较早，具有多项水溶性肥料专利技术，用于水肥一体化的专用型肥料占肥料总量的38%，并开发水肥注入控制装置，实现精细化灌溉。

位于美国新泽西州的某公司致力于为农业种植提供数据驱动的分析和预测服务，促进了水肥一体化物联网农业平台的发展。该公司的产品能通过太阳能传感器收集有关植物健康、密度、光照和天气的相关数据，数据范围涉及40多个不同的维度，相较于只关注灌溉的农业物联网设备来说更为全面，这些数据能辅助农民更好地进行生产种植活动。此外，该产品可通过蜂窝数据流量或Wi-Fi等方式持续接收来自机载全球定位系统的信号，从而实时观测天气、土壤的卫星图像，使农户可以在手机或电脑上对农场灌溉施肥等一系列生产活动进行监控。该产品可以适应不同类型农场的灌溉及施肥需求，并且能对农作物的产量、质量、收获时间等进行预测分析，针对作物状态和气候变化来改进决策判断。

（三）日本水肥一体化技术发展

日本的国土面积狭小，农业可用地面积十分有限。据2016年农业数据统计，中国的农业用地面积约为528万km^2，而日本农业用地面积仅有4.47万km^2。2017年调查的数据显示日本老龄化问题愈来愈严峻，其中农业人口老龄化更为严重，64.6%从事农业生产的人达到了65岁以上。由于土地和人口资源贫瘠，日本大力发展现代化智能农业。水肥一体化技术发展得非常成熟，在日本的普及率高达90%以上。在日本有名的植物工厂高效农业系统中，基于物联网技术的水肥一体化技术得到了非常重要的应用。在植物工厂密闭不受外界气候因素影响的环境下，通过传感器检测植物生长环境的湿度、酸碱度、营养液电导率等，将监测到的数据传输到计算机，通过计算自动精确控制灌溉施肥，保证了作物可按年份均衡生产，有效地解决了日本农业用地面积缺乏、农业劳动力有限等问题，推动了日本现代化高效农业的发展。

日本的某会社完全利用人工光，建造了从育苗到采收完全自动化的植物工厂。该植物工厂以不透光的绝热材料为围护结构，荧光灯等人工光作为光源，通过物联网系统将各个传感器加以整合，系统地监测每一个栽培环境因素的变化，如内部光环境、温湿度、气流、CO$_2$浓度等，从而调节循环式水肥供应系统的灌溉及施肥情况，从而能更加有效地管理，极大地降低了灌溉水的用量和减少了化学肥料的浪费。该会社的水肥一体化物联网系统全天候稳定运行，标准化管理种苗品质与生产技术，保证了幼苗生长整齐一致。

二、国内水肥一体化技术发展现状

中国在1974年前后引进了滴灌技术，在滴灌技术的推广初期，水肥一体化技术主要应用于蔬菜、果树和甘蔗等作物，一般节水、增产都在20%以上，优质蔬菜的收获率由传统灌溉方法的60%~70%提高到90%，同时，采用滴灌施肥可减少25%~50%的氮肥损失。大田作物上大规模推广应用滴灌技术开始于20世纪90年代末期，通过近20年的发展，滴灌技术在新疆、内蒙古、广西、云南等地大田作物上得到了大规模的推广应用。根据2017年全国微灌大会资料，中国现有滴灌面积500万hm²以上，其中，新疆达到了400万hm²（棉花应用面积约250万hm²）。在小麦、玉米、甜菜、加工番茄、辣椒等作物上面积达到100万hm²。

目前，国内水肥一体化技术主要通过喷灌、滴灌和微喷灌方式实施，其系统主要由水源工程、施肥装置、过滤装置、管道系统和灌水器等组成。其中，施肥装置是实现水肥一体化的核心装置之一，灌溉施肥质量的好坏很大程度上取决于施肥装置的性能优劣。目前，常用的施肥方式包括重力自压式施肥法、压差式施肥法、文丘里施肥器、注肥泵法和水肥一体机等。

第三节　水肥一体化类型

一、重力自压水肥一体化施肥法

重力自压施肥法是指利用水位高度差产生的压力进行施肥。该施肥装置结构简单，施肥时无需额外动力，成本较低，固体肥和液体肥均能使用，农户易于接受；但该方式施肥效率较低，难以实现自动化，且随着施肥过程的进行，肥液浓度不均匀。目前，该方式主要应用于山区、高地等具有自压条件优势的地区，在华南地区的柑橘园、荔枝园、龙眼园等果园有大量的果农使用（图5-1）。

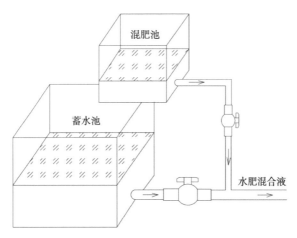

图5-1　重力自压施肥法示意图

重力自压施肥装置系统简单，易于实现，研究相对较少。孙国新等研究开发了一种按总量施肥的重力滴灌系统，灌溉压力稳定，且可实现水、肥的过滤，操作简单、运行可靠，适合温室大棚使用。天津泓柏科技有限公司发明了一种重力自压式自动滴灌施肥系统，实现了重力自压施肥装置的自动化，通过PLC控制器自动控制灌溉、施肥，具有低能耗、低投入、高性能的优点。

二、压差式水肥一体化施肥法

压差式施肥法主要通过压差式施肥罐实施，压差式施肥罐通过两根细管与主管道相接。工作时，在主管道上两根细管接点之间安装一个节流阀以便产生压力差，借助压力差迫使灌溉水流从进水管进入施肥罐，并将充分混合的肥液通过排液管压入灌溉管路。压差式施肥法系统简单、设备成本低、操作简单、维护方便，液体肥料、固体肥料均可直接倒入罐中使用，施肥时不需要外加动力，在我国温室大棚和大田种植应用普遍。然而，该方式也存在一些弊端：一是节流阀增加了压力的损失；二是由于施肥罐体积受限，施肥过程中需多次注肥，劳动强度高，不适于自动化控制；三是灌溉过程中无法精确控制灌溉水中的肥料注入速度和肥液浓度（图5-2）。

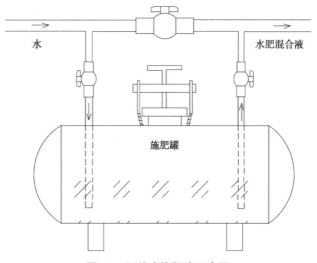

图5-2　压差式施肥法示意图

三、文丘里水肥一体化施肥法

此种施肥方式主要借助文丘里管实现，利用文丘里管的喉管负压将肥液从敞口的肥料罐中均匀吸入管道系统中从而进行施肥。文丘里管构造简单、成本较低，具有显著的优点，可直接从敞口肥料罐吸取肥料，不需要外部能源，吸肥量范围大，且肥液浓度均匀，适用于自动化和集成化较高的场合，目前在施肥机上应用较多。该方式同样存在缺点：水头压力损失大，通常需要损耗入口压力的30%以上，为补偿水头损失获得稳压，通常需配备增压泵（图5-3）。

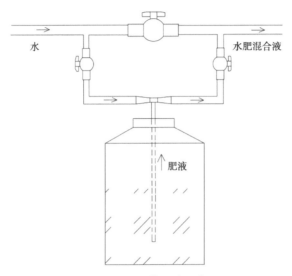

图5-3 文丘里施肥法示意图

四、注肥泵水肥一体化施肥法

注肥泵法依靠管道内部的水压或者使用外部动力（电机、内燃机等）驱使注肥泵将肥液注入管道系统实施灌溉施肥。注肥泵是一种精准施肥设备，在无土栽培技术应用普遍的国家（如荷兰、以色列等）应用广泛。注肥泵的施肥速度可以调节，施肥浓度均匀，操作方便，不消耗系统压力；但注肥泵装置复杂，与其他施肥设备相比价格昂贵，肥料必须溶解后使用，有时需要外部动力。根据注肥泵的动力来源又可分为水力驱动和机械驱动2种形式。

此类泵可直接安装在管路中，灌溉水通过输入口进入注肥泵，驱动注肥泵工作，其吸肥口与肥桶相连，将肥液按照设定的比例吸入，通过输出口输送到灌溉系统中。水动力注肥泵流量稳定，无论管路中的水压及水量如何变化，注肥泵都能保证混合液中的水肥比例恒定，易实现自动化控制。目前，水动力注肥泵在我国尚停留在研制阶段，产品性能不够稳定，在国内使用较多的为法国DOSAT R ON公司和美国DOSMATIC公司生产的注肥泵（图5-4a）。

机械驱动注肥泵多采用电机或内燃机驱动。此类泵流量相对稳定，自动化控制性能好，但因需电源，且价格较高，适合用在固定的场合，如温室或井边（图5-4b）。

（a）水动力比例注肥泵　　　　　　　（b）电动力比例注肥泵

图5-4　注肥泵法

五、多功能水肥一体机

多功能水肥一体机又叫智能施肥机，一般包括控制系统、吸肥系统、混肥系统、压力管道系统及动力源等（图5-5）。

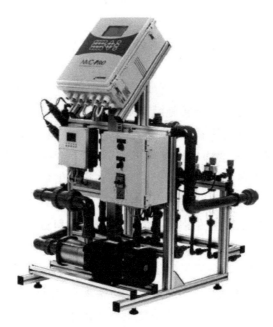

图5-5　多功能水肥一体机

智能施肥机的安装通常有"主管式"和"旁路式"2种类型。对于小型施肥系统通常采用"主管式",大型施肥系统则通常采用"旁路式"。根据安装条件的不同,又可分为4种方式,即旁路吸肥式、旁路注肥式、主管压差式和主管加压式。

六、施肥方式的比较分析

重力自压施肥法和压差施肥法属于定量施肥,施肥过程中肥料溶液浓度会随施肥时间逐渐变小;而文丘里施肥法、注肥泵法和水肥一体机则属于比例施肥,施肥过程中肥料溶液浓度随施肥时间始终保持恒定。其中,水肥一体机施肥精准、自动化程度高,可大幅度节省劳动力,适合大面积土地灌溉施肥;通过集成传感技术和通信技术等,还可实现作物生长环境参数和作物生长信息的自动采集,根据采集的信息智能决策作物的水肥需求,实现水肥一体精准施入,大大提高水分和肥料的利用率。水肥一体机体现了精准农业信息化、智能化、自动化的发展趋势,是未来精准灌溉施肥的重要发展方向(表5-1)。

表5-1 施肥方式对比

施肥方式	原理	优点	缺点	施肥类型
重力自压施肥法	利用水位高度差产生的压力进行施肥	成本低,操作简单,不需额外的加压设备,适合液体和固体肥料	对地形条件有要求,施肥效率低,施肥均匀性低,不适宜自动化	定量施肥
压差式施肥法	利用进出水管间的压力差迫使灌溉水从进液管进入施肥罐,再将肥液从出液管注入灌溉管路中	结构简单,成本较低,不需额外的加压设备,适合液体和固体肥料	肥液浓度易受水压变化的影响,节流阀会产生水头损失,大面积施肥时溶肥次数多,不适宜自动化	定量施肥
文丘里施肥法	利用文丘里管产生的真空吸力,将肥料溶液从肥料桶均匀吸入管道进行施肥	结构简单,成本较低,肥液浓度均匀,无需外部动力,适宜自动化	吸肥能力和施肥浓度受工作水压影响,吸肥量较小,调压范围有限,系统压力损失较大	比例施肥

（续表）

施肥方式	原理	优点	缺点	施肥类型
注肥泵施肥法	利用注肥泵将肥液注入管路系统中进行施肥	不受水压和流量变化的影响，施肥速度可以调节，施肥浓度相对均匀，操作方便，易实现自动化	设备造价较高，对水质的要求较高，有些型号需要动力驱动，不利于节能减排	比例施肥
水肥一体机	利用施肥机吸肥、混肥并将肥液注入管路系统中进行施肥	肥液浓度恒定，施肥精准，自动化、智能化程度高	设备造价较高，对水质的要求较高，有些型号需要动力驱动，不利于节能减排	比例施肥

第四节 水肥一体化技术优点与缺点

一、优点

（一）肥效快，水分、养分利用率高

肥料溶于水中形成浓度合理的水溶液，易于作物根系吸收，以较快的速度在植物体内发挥生理代谢作用；水肥以少量多次的方式施入土壤，根系以"细酌慢饮"的形式吸收利用，基本无水肥剩余浪费，避免了过多水肥渗入土壤，防止了肥料施在较干的表土层溶解慢引起挥发损失，提高了水肥的利用率，水肥一体化施肥体系比常规施肥节省肥料35%～50%、节水30%～50%。

（二）有利于环境保护，改善生态条件

水肥一体化采取少量多次的策略，可以防止肥水下渗引起的地下水和河流的水体污染，有利于保护环境；少量多次可以防止土壤板结，保持土壤温度和空气相对湿度，温室气温提高2～4℃，地温提高2.7℃，空气相对湿度平均降低8%～10%，保护设施的生态环境，有利于防病和植物生育。

（三）可达到产量高、品质好的目的

水肥一体化灌溉可满足作物肥水"吃饱喝足"的需要，通过人为定量调控，杜绝了植株缺素症的发生，达到防病控病的目的，创造良好的生育环境，植株生育良好，产量提高15%～30%，品质优良。

二、缺点

（一）需要一定的投资和设备

与传统的沟灌等相比，滴灌等水肥一体化需要增加施肥器（肥液罐、施肥池等）、管道、地膜、滴头或喷头等设备，需要一定的资金投入，一般每亩需增加500~800元。但肥水一体化可节本700元/亩，设施蔬菜作物增效1 500元/亩。

（二）需要生产者具有一定的文化知识水平

水肥一体化需要生产者识别肥料的种类，具有配制肥料溶液的能力，甚至要求生产者掌握植物生长发育规律和对水分养分的要求，熟悉配方施肥的相关知识。生产者具有一定的文化知识水平和科技操作能力是从事现代化农业生产的需要，是我国实现农业现代化的需要。

第五节　水肥一体化应用中存在的主要问题

水肥一体化是一项重要的高效节水农业技术，不断受到政府、企业、农民的广泛关注和重视，应用范围和面积不断扩大，但与发达国家相比仍存在一定的差距。像以色列这样的缺水国家，更是将水肥一体化技术发挥到了极致，水肥一体化的应用比例高达90%以上；美国25%的玉米、60%的马铃薯、32%的果树也均采用水肥一体化技术，总体水肥一体化应用比例达到50%以上。我国属于水资源相对贫乏的国家，被列为世界上13个贫水国家之一，但我国的水肥一体化应用比例仅为7.8%，远低于世界平均水平。究其原因主要有以下5点。

一、国家政策扶植力度不够，政府投入不足

水肥一体化技术是一项需要投入、标准高但效益好、消耗低的优势技术，发展水肥一体化技术需要可控管道系统、滴头、地膜等设施设备，前期需要投入一定的资金，农户、合作社或企业往往资金不足，而财政补贴机制未完全建立，补贴标准偏低、投入力度不够，制约了水肥一体化向较高层次的发展。此外，水肥一体化技术要求高，但水肥一体化的研究开发、技术培训、相关设施示范、综合配套服务、技术推广等财政投入甚微，技术研发和推广经费不足，技术模式集成、水溶性肥料配套等方面研发不足，也限制了水肥一体化技术的推广应用。

二、研究基础薄弱

我国研发、引进和利用水肥一体化技术已有30余年的历史，进行了一系列深入研究和广泛示范，取得了一些实用的技术成果，但总体而言水肥一体化技术的研究基础还比较薄弱。理论研究水平仍有待提高。不同区域、不同作物水肥互作效应及其机理尚不明确，实用有效的水肥一体化设备的研发能力相对落后，目前蔬菜生产水肥一体化管理技术大多仍以传统经验为主，缺乏量化指标和成套技术。

三、重设备、轻技术现象严重

水肥一体化需要灌溉设备、水溶肥料与水肥一体化技术有机结合，但目前相关企业或生产上往往只注重灌溉工程和设备配套建设，仅重视农田灌溉，而忽视了水溶肥料与水肥一体化技术的研究与开发。

四、产品质量有待提高

一些水肥一体化相关企业规模小、设备简陋、技术落后、生产不规范，导致产品质量难以保证，由于市场需求大，甚至出现假冒伪劣产品，制约了水肥一体化技术的推广应用和健康持续发展。

五、农民主体作用发挥不够

作为作物生产者的农业示范园及产业园、科技型企业及一些专业合作社具有一定的科技意识和技术水平，一般能够较好地应用水肥一体化技术。但广大的农户生产者中具备一定知识和技能的中青年缺乏，中青年劳动力大多外出打工，农村缺乏较高素质的劳动者，限制了水肥一体化技术的推广应用。此外，由于受到传统农业生产观念、方式和模式的影响，加之需要一定的投入，缺乏信息获取渠道，水肥一体化相关的技术推广、营销宣传不够，部分农民对水肥一体化技术的优点和效果认知不足，导致农民应用水肥一体化技术的主体作用发挥不够。

第六节　推进水肥一体化应用的建议

一、深化基础研究，加强技术攻关

针对水肥一体化技术对土壤营养及墒情检测、栽培技术、环境调控、水肥管理、病虫害防治、农业机械等方面的新要求，开展技术攻关、技术集成，形成以水肥一体化为核心的蔬菜种植新模式。

二、熟化关键技术产品，做到准确有效实用

依据区域特点、蔬菜种类、种植方式、种植模式和生产实际需求，集成熟化关键技术和配套产品。微灌用肥要求配方科学、水溶性好、价格适宜；微灌设备要求安装简易、使用方便、防堵性好；灌溉施肥方法、制度要针对性强、简便易行；土壤水分（墒情）检测要求实时自动、方便快捷。

三、完善技术模式，便于应用

露地、设施栽培的重点区域选择主要栽培蔬菜种类，开展灌溉模式、灌溉设备、肥料种类、监测仪器等对比试验研究，摸索技术参数，建立完善不同栽培方式下主要蔬菜作物的水肥一体化技术模式，提高针对性和实用性，便于推广应用。

四、加强试验示范，便于推广

政府财政设立专项，用于建立全方位、多层次、高标准的水肥一体化技术试验示范网络和系统，加强技术培训力度，促进大范围推广应用

五、建立合作推广机制，形成良好的推广模式

逐步形成科研院所、专业企业、蔬菜种植组织三位一体的合作推广机制。利用科研院所提供有效的科技支撑和技术指导，引导专业企业建立以技术服务带动产品销售的营销模式，为生产者提供灌溉系统维护、技术咨询等服务。发挥农业示范园及产业园的示范作用、科技型企业和蔬菜专业组织的带动作用和广大农民的主体作用，推进水肥一体化技术应用的规模化和标准化。

第七节　水肥一体化技术发展趋势

经过几十年的发展，国内的水肥一体化技术在理论研究和技术水平上都取得了很大的进步，形成了膜下滴灌、积雨补灌等多种水肥一体化模式，开发了规格多样的水肥一体化装备，基本满足了国内的需求；但其技术水平和装备精度与美国、以色列等国家相比还存在较大的差距，存在智能化水平低、可靠性差等问题，提升空间较大。现结合国内水肥一体化的研究进展，展望水肥一体化技术的发展趋势。

一、不同地区、不同作物水肥耦合机理研究

目前，我国水肥一体化在实际应用中还存在灌溉施肥不均匀、设备不配套、与中耕管理矛盾等问题，且水肥耦合技术研究大多集中在经济作物，研究内容多为区域性研究，不具有通用性。水肥一体化技术不是单纯的灌水与施肥紧密结合的新型技术，应综合考虑区域条件、作物种类及种植农艺等因素，建立起适宜的灌溉施肥模式、设备管理措施和田间栽培技术，形成合理的水肥一体化技术系统，这样才能充分发挥该技术的最大效用。

二、CFD数值模拟技术在水肥一体化中的应用研究

CFD（Computational fluid dynamics）是计算流体力学的英文简称，其基本原理是数值求解控制流体流动的微分方程，得出流体流动的流场在连续区域上的离散分布，从而近似地模拟流体流动情况。

目前，国内的水肥一体化装置多是在国外成熟产品的基础上进行仿制和本土适应性改进，产品存在作业精度低、可靠性差等问题；且传统的设计方式耗时长、成本高，不利于产品的快速研发。应用CFD仿真技术可以方便地分析水肥装置的水肥特性，发现缺陷并优化改进，有助于发展施肥一体化装置硬件的自主创新设计。研究表明采用CFD数值模拟方法的模拟结果与试验结果高度一致，因此，应加大CFD数值模拟技术在水肥一体化中的应用研究。

三、低压灌溉施肥技术的研究

水肥一体化灌溉施肥过程中，为使灌水器、施肥装置、过滤器等装置正

常工作，保证灌溉施肥质量，系统中通常需较大的工作压力，由此造成能耗过大、系统造价过高，制约了施肥一体化技术的推广应用。低压灌溉技术可以在保证灌溉质量的同时降低系统能耗，减少系统投资，是未来水肥一体化发展的重要方向。因此，应在管路布置、低压灌溉装置开发等方面加大研究，推进低压灌溉技术的发展。

四、模糊控制技术在水肥一体化中的应用研究

模糊控制技术是近年来发展起来的新型控制技术，其优点是不要求掌握受控对象的精确数学模型，而根据人工控制规则组织控制决策表，然后由该表决定控制量的大小。

目前，国内的水肥一体机配肥过程存在大滞后、大惯性、数学模型不确定等问题，导致混肥精度不高、pH值调控不准。PID模糊控制技术是通过大量实际操作数据归纳总结出的控制规则，不需要精确的数学模型。研究表明：模糊PID控制比传统PID控制具有更小的超调量和稳定时间，使混肥浓度尽快逼近目标浓度，可满足农作物生长对水肥的要求，提高水肥利用率。但是，目前PID模糊控制技术转化和推广进行得并不好，还需在精准算法方面结合试验验证形成准确、稳定、适应性广的成熟技术。

五、物联网技术在水肥一体化中的应用研究

农业生产和信息技术的结合是新时代农业发展的趋势。基于物联网的水肥一体化系统，综合运用通信技术、智能控制技术和传感技术等，通过传感器对农作物的生长环境进行实时监测，采集农作物生长信息和作物生长环境信息，包括土壤的水分、酸碱度、营养成分、空气的湿度、氧气浓度和二氧化碳浓度等，并将这些信息上传到物联网云平台，使用云计算技术对数据进行信息化处理，并按照各种农作物的不同成长需要，实现自动化控制灌溉施肥。物联网技术不仅实现了精准施肥，降低了水肥的浪费，且减少了人工干预，大幅度降低了人力成本，提高了系统的使用效益。

第六章 槟榔水肥一体化关键技术与应用

第一节 平地槟榔水肥一体化关键技术与应用

一、前言

槟榔食用在我国已经有1 000多年的历史，我国约1亿人食用槟榔，2017年中国槟榔市场需求量101 733.39 t，2018年中国槟榔市场需求量103 378.2 t，同比增长1.62%。随着槟榔市场的需求量逐年提升，槟榔产业也前景广阔。海南省种植槟榔具有得天独厚的地理条件，海南槟榔果实具有明显的质量优势，如果肉厚、纤维细软等。但海南槟榔管理较为粗放，天生天养，导致槟榔水肥管理不合理，同时槟榔无序扩大种植已为海南省槟榔产业的可持续发展埋下了安全隐患，因此对海南省槟榔种植加强水肥一体化建设具有重要意义。但水肥一体化技术在农作物的种植上应用较多，对果树及槟榔等经济作物应用较少，且槟榔水肥一体化建设存在关键问题尚未解决，所以根据槟榔园地类型及树龄研究槟榔水肥一体化关键技术，并进行应用，可为海南省槟榔产业的良性可持续发展提供技术支撑。

二、平地槟榔水肥一体化施行原则

（一）定义与特点

水肥一体化技术通过将灌溉技术与配方施肥技术相结合，在作物生长发育过程中将水分和配方肥以少量多次的原则施入，同时提高植株对水分的利用率以及对养分的吸收利用，植株根系吸收快速、有效，基本避免了水分、肥料资源过剩导致浪费，具有在增产、提高作物品质的同时减少水肥过剩，增加经济效益的优点。槟榔水肥一体化技术结合了水肥一体化的优点，也实现了增产增收同时起到保护环境的作用。槟榔种植过程中通常处于人种天管的状态，大多在旱地进行栽培，且施肥盲目，过量施肥导致园区土壤结构破坏，pH呈逐渐酸化的状态，由于过量施入导致水肥下渗而造成地下水和河流污染。槟榔水肥一体化技术将水与配方肥少量多次施入，既可使根系有效吸收，也可以防止园区土壤板结，减少水肥的挥发损失，满足槟榔"吃饱喝足、细酌慢饮"的需求，为槟榔的生长创造了良好的生育环境，同时改善槟榔园的生态条件，提高了槟榔种植的经济效益，真正实现槟榔产业的绿色、可持续发展。

（二）平地槟榔园的特点

平地通常所指是地面高度差起伏不大，表面较为平坦或倾斜向一方的地带。一般坡度不超过5°的缓坡地和比较平坦的地都可称为平地。

（1）优点。面积大，平坦，交通及管理方便，便于机械使用，劳动效率高。平地没有气候和土壤的垂直分布变化，在一定区域范围内，土壤和气候条件基本一致。土壤深厚肥沃，植株生长发育好，根系发达，树体大，产量高。

（2）缺点。通风、日照和排水情况不如坡地好且易遭风害。

（三）水肥一体化建设的原则

（1）水肥协同原则。综合考虑农田水分和养分管理，使两者相互配合、相互协调、相互促进。

（2）按需灌溉原则。水分管理应根据作物需水规律，考虑施肥与水分的关系，运用工程设施、农艺、农机、生物、管理等措施，合理调控自然降水、灌溉水和土壤水等水资源，满足作物水分需求。

（3）按需供肥原则。养分管理应根据作物需肥规律，考虑农田用水方式对施肥的影响，科学制定施肥方案，满足作物养分需求。

（4）少量多次原则。按照肥随水走、少量多次、分阶段拟合的原则制定灌溉施肥制度；根据灌溉制度，将肥料按灌水时间和次数进行分配，充分利用灌溉系统进行施肥，适当增加追肥数量和追肥次数，实现少量多次，提高养分利用率。

（5）水肥平衡原则。根据作物需水需肥规律、土壤保水能力、土壤供肥保肥特性以及肥料效应，在合理灌溉的基础上，合理确定氮、磷、钾和中、微量元素的适宜用量和比例。

三、水肥一体化的构造系统

（一）灌水系统

本系统可分为以下3种类型。

（1）喷灌系统。包括水泵、蓄水池、混肥池、主路水管、支路水管、喷头等部位。借助水泵降配兑成的肥液与灌溉水一起，通过可控管道系统供水、供肥，使水肥相融后，通过管道和喷头进行喷灌。

（2）滴灌系统。包括水泵、蓄水池、混肥池、主路水管、支路水管、滴头等部位。借助水泵降配兑成的肥液与灌溉水一起，通过可控管道系统供水、供肥，使水肥相融后，通过管道和滴头进行滴灌。

（3）沟灌系统。包括水泵、蓄水池、混肥池、主路水管、支路水管、进水沟等部位。借助水泵降配兑成的肥液与灌溉水一起，通过可控管道系统供水、供肥，使水肥相融后，通过管道将水肥引入树旁的引水槽内进行沟灌，进行沟施虽然一定程度上增加了灌溉量，但能保持7～8天沟内保持湿润，延长灌水时间（图6-1、图6-2）。

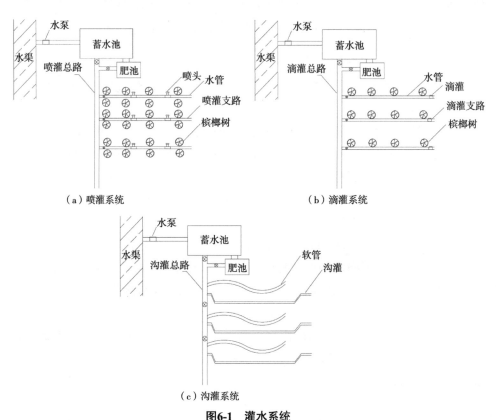

（a）喷灌系统　　　　　　　　　　（b）滴灌系统

（c）沟灌系统

图6-1　灌水系统

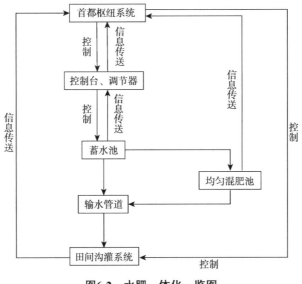

图6-2　水肥一体化一览图

（二）水肥一体化系统组成部分

组成部分：由水源、蓄水池、首部控制枢纽、输配水管道、均匀混肥池5个部分组成。

（1）首部枢纽。包括电源、电脑及控制台、水泵、流量计、压力表、配肥器、阀门冲洗阀、过滤器、流量调节器。

（2）输配水管道。包括干管、支管、毛管、控制阀、冲洗阀。

（3）均匀混肥池。混肥器、输水管道。

（4）水源。有河流、湖泊、水库、池塘、水井等固定水源。

（5）蓄水池。将河流、湖泊、水库、池塘、水井等固定水源中的水通过过滤用管道泵入池中蓄存。

（三）施肥系统

常用的滴灌施肥系统有以下4种。

（1）施肥罐。施肥罐造价低廉，安装简单，农业上广泛使用。材质有钢罐及塑料罐2种。缺点是不能控制罐中肥料浓度，各区施肥量不等；必须要有一定压力降才能将肥料加入系统。

（2）文丘里施肥器。文丘里施肥器的优点是容易控制肥料浓度。可使各区施肥量均等。缺点是必须要有压降才能将肥料注入系统。

（3）活塞泵。活塞泵的优缺点同文丘里吸肥器。但价格比文丘里贵。温室里常用这种系统。不适合大田大系统。

（4）电动注肥料泵。电动注肥泵（可用打药剂代替）扬程高，直接注入灌溉系统。无需压降，肥料浓度均匀，易控制。缺点是需要额外耗电。大田大灌溉系统适合用电动注肥泵。

本规程采用均匀混肥池施肥法，为节省能源，可根据当地地势条件建立均匀混肥池，肥料直接在水池中溶解，混肥池与灌水系统首部的主管并联，将肥液带到灌水系统内进行施肥。

（四）灌水制度

（1）灌水原则。依据槟榔的需水规律（水分临界期和水分最大效率期）以及当地的天气情况及园区土壤的墒情指数确定槟榔的灌溉定额、灌溉量以及灌溉次数。

（2）灌水时间。在11月至翌年5月旱季进行灌水，每5天灌1次水。

（3）灌水量。生长健康的槟榔植株每次每株灌水8.3～8.8 kg；长势一般的槟榔植株每次每株灌水6.4～6.6 kg；长势较弱的槟榔植株每次每株灌水4.0～4.3 kg。以每亩种植110株槟榔树进行计算，则长势较好的地块每亩应灌水0.91～0.96 t，长势一般的地块每亩应灌水0.70～0.73 t，长势较弱的地块每亩应灌水0.44～0.46 t。

（五）施肥制度

1. 基肥

在挂果槟榔采果后施用，以有机肥为主，以土施为主。

2. 追肥

（1）施肥原则。根据槟榔植株的养分需求规律，园区土壤营养元素含量情况及当季的结果情况，确定合理的施肥时间、施肥种类和施肥量，以及各营养元素间的配比。追肥以少量多次为宜，基肥进行土施，追肥结合灌水进行水肥共施。

（2）施肥量。盛产期槟榔树，根据树势与生长期进行肥料配方施用。

（3）施肥时间及技术。壮花肥：3—5月，每株施用高钾肥，进行水肥共施，肥液浓度为0.2%～0.3%。

坐果肥：6—8月，雌花开放后，每株施用氮钾平衡肥，进行水肥共施，肥液浓度为0.2%～0.3%。

3.肥料选择

用于灌溉施肥的肥料品种必须是符合国家标准或行业标准的水溶性肥料。常用的水溶性肥如下。

氮肥：可选择尿素、硝酸钾、硫酸铵等肥料。

磷肥：可选择过磷酸钙、磷酸二氢钾、磷酸一铵等肥料。

钾肥：可选择硝酸钾、硫酸钾、磷酸二氢钾等肥料。

微量元素肥料：硼酸、硫酸镁、硫酸锌、硝酸铵钙及其他一些螯合物。

第二节　坡地槟榔水肥一体化关键技术与应用

一、前言

（一）坡地的定义及特点

坡地根据坡度的大小可分为缓坡地、中坡地、陡坡地和急坡地等，缓坡地坡度在3%～10%，中坡地坡度在10%～25%，陡坡地坡度在25%～50%，急坡地坡度在50%～100%。坡地资源具有水热资源丰富、生产潜力高，类型多、结构、格局复杂，但水土流失严重，地力水平低，自然灾害频发等特点，但由于坡地容易水土流失，水分及养分含量变化较快。

（二）海南槟榔坡地种植面积及面临的问题

根据2020年海南统计年鉴数据，2019年海南省槟榔种植面积达11.5万hm²，其中坡地种植面积达到7万hm²以上。山区农民为了生存，不得不在坡地上开荒种地，坡地的开垦，破坏了原有的植被，一定程度上加重了水土流失，虽然可采取坡改梯等保土保水措施，但坡改梯需耗费大量资金与劳力。同时，坡地往往道路不便，在坡地种植，水肥不容易运输，水资源不易储存。

（三）坡地水肥一体化的施用原则

（1）尽量坡改梯，若是缓坡地（坡度在3%～10%），则不需要坡改梯。

（2）浇水时要避免大水漫灌，尽量采用喷灌和滴灌。

（3）对于没有水的地区，可通过挖池或筑池来储存降雨。

（4）下雨后及时将储存的雨水混肥并施用。

（四）海南省各季降雨情况

岛内大部分地区年均降水量接近或超过2 000 mm，在全国范围内处于较高水平。大部分地区日降水量≥0.1 mm的天数超过100天，海南省虽然降水量丰富，但是分配不均，时空差别很大，旱季与雨季区分明显。由于进入5月后太平洋东南季风开始影响海南并带来了大量降水使得12月至翌年4月为明显的旱季，5—11月为雨季。槟榔需水关键期则在槟榔的开花期，即1—4月，月平均降水量在45 mm左右，而此时正是海南省的旱季，此时槟榔到了需水临界区，前期试验研究结果表明，在1—4月，灌水量达到200～320 m³/hm²，0～40 cm土层的土壤含水量可达到其田间持水量的70%时，坡地滴灌5 h即可，在此灌水量下槟榔生长发育良好，产量显著增加，品质有所提高。在5—11月雨季范围内，可适量减少灌溉次数。根据槟榔需肥规律、土壤肥力水平及结果情况，确定施肥时间、数量、肥料元素间的比例及基肥、追肥比例。追肥以少量多次为宜。基肥进行土施，追肥结合灌水进行水肥共施。

二、坡地槟榔水肥一体化建设

（一）精细水肥一体化系统的建立

1. 灌水系统的建立

组成部分：由水源、首部控制枢纽、输配水管道、灌水器4部分组成。

（1）首部枢纽。包括电源、水泵、流量控制器、过滤器、文丘里施肥器、增压泵、压力表、阀门。

（2）输配水管道。包括主管、支管、滴管、控制阀。

（3）灌水器。喷灌或滴灌带。

（4）水源。坡地上的湖泊、水库、池塘、水井或者可以在坡地的高处修建蓄水池，水质符合GB 5084—2021《农田灌溉水质标准》。

2. 施肥系统

采用文丘里施肥器，利用射流原理进行工作，水流通过一个先由大渐小，再由小渐大的管道（文丘里管喉部）时，形成局部负压，在喉部侧壁上的小孔将装在敞口容器中的肥液吸入灌溉水中（图6-3）。

（二）简易水肥一体化系统的建立

1. 灌水系统的建立

组成部分：由水源、首部控制枢纽、输配水管道3部分组成。

（1）首部枢纽。包括电源、水泵、阀门。

（2）输配水管道。包括主管、支管、控制阀。

（3）水源。坡地上的湖泊、水库、池塘、水井或者可以在坡地的高处修建蓄水池，水质符合GB 5084—2021标准。

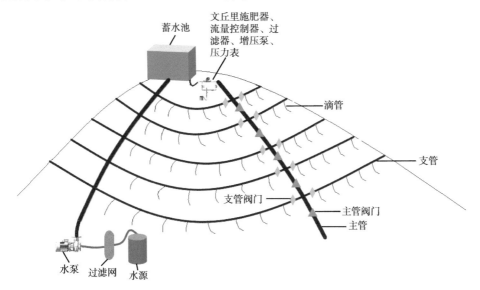

图6-3 精细水肥一体化系统

2.施肥系统

采用混肥池施肥，在蓄水池旁建筑一个混肥池或放置一个大水桶，用于放置可溶性肥或农药，蓄水池中的水流经混肥池后通过手持支管浇水（图6-4）。

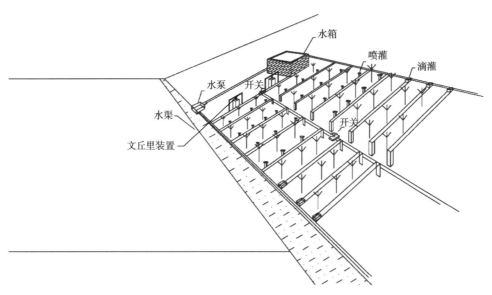

图6-4 简易水肥一体化系统

三、灌水制度

（一）灌水原则

依据槟榔的需水规律、天气情况及土壤墒情确定灌水时期、次数和灌水量。

（二）灌水时间

在11月至翌年5月旱季进行灌水，每5天灌1次水。

（三）灌水量

生长健康的槟榔植株每次每株灌水8.3～8.8 kg；长势一般的槟榔植株每次每株灌水6.4～6.6 kg；长势较弱的槟榔植株每次每株灌水4.0～4.3 kg。以每亩种植110株槟榔树进行计算，则长势较好的地块每亩应灌水0.91～0.96 t，长势一般的地块每亩应灌水0.70～0.73 t，长势较弱的地块每亩应灌水0.44～0.46 t。

四、施肥制度

（一）基肥

在挂果槟榔采果后施用，以有机肥为主，以土施为主。

（二）追肥

1. 施肥原则

根据槟榔植株的养分需求规律，园区土壤营养元素含量情况及当季的结果情况，确定合理的施肥时间、施肥种类和施肥量，以及各营养元素间的配比。追肥以少量多次为宜，基肥进行土施，追肥结合灌水进行水肥共施。

2. 施肥量

盛产期槟榔树，根据树势与生长期进行肥料配方施用。

3. 施肥时间及技术

壮花肥：3—5月，每株施用高钾肥，进行水肥共施，肥液浓度为0.2%～0.3%。

坐果肥：6—8月，雌花开放后，每株施用氮钾平衡肥，进行水肥共施，肥液浓度为0.2%～0.3%。

4. 肥料选择

用于灌溉施肥的肥料品种必须是符合国家标准或行业标准的水溶性肥料。常用的水溶性肥如下。

氮肥：可选择尿素、硝酸钾、硫酸铵等肥料。

磷肥：可选择过磷酸钙、磷酸二氢钾、磷酸一铵等肥料。

钾肥：可选择硝酸钾、硫酸钾、磷酸二氢钾等肥料。

微量元素肥料：硼酸、硫酸镁、硫酸锌、硝酸铵钙及其他一些螯合物。

第三节　挂果槟榔水肥一体化关键技术与应用

一、前言

（一）挂果槟榔特点

槟榔按阶段划分为幼龄槟榔与挂果槟榔，其中幼龄槟榔主要以营养生长为主，不用考虑其开花结果。从第1次开花开始，即为挂果槟榔，其生长类型已经从营养生长转变为营养生长与生殖生长并存，因其生长方式的改变，所以挂果槟榔同幼龄槟榔在光照、水分、肥料类型等方面的管理方式有所不同。槟榔挂果多少关系到产量的高低及经济效益的高低，因此加强挂果槟榔水肥管理至关重要

（二）挂果槟榔养分需求规律

同幼龄槟榔不同，挂果槟榔要兼顾营养生长与生殖生长。笔者研究发现挂果槟榔植株处于越冬期时，主要表现为营养生长状态（表6-1、表6-2）。挂果槟榔各时期养分需求参照第四章、第一节、四、槟榔各阶段养分分布规律。

表6-1　槟榔各部位大中量元素含量

生育期	部位	N（mg/g）	P（mg/g）	K（mg/g）	Ca（mg/g）	Mg（mg/g）
越冬期	根	6.55 ± 0.78	1.11 ± 0.13	8.79 ± 0.63	2.42 ± 0.93	1.33 ± 0.18
	茎	8.62 ± 1.26	1.43 ± 0.15	8.78 ± 0.39	6.38 ± 1.38	1.71 ± 0.23
	叶	22.63 ± 1.99	2.48 ± 0.26	8.39 ± 0.70	8.54 ± 0.77	2.36 ± 0.08
	叶脉	11.85 ± 1.21	2.28 ± 0.20	21.84 ± 1.69	6.00 ± 0.36	1.90 ± 0.25
	心叶	26.34 ± 1.25	3.12 ± 0.13	15.38 ± 0.50	6.51 ± 1.89	2.77 ± 0.16
	苞叶	10.85 ± 0.32	1.41 ± 0.06	19.19 ± 2.58	6.71 ± 1.18	1.39 ± 0.24

（续表）

生育期	部位	N（mg/g）	P（mg/g）	K（mg/g）	Ca（mg/g）	Mg（mg/g）
花苞期	根	9.91 ± 1.08	1.09 ± 0.19	8.45 ± 0.35	2.97 ± 0.20	1.14 ± 0.05
	茎	11.09 ± 2.63	1.07 ± 0.11	8.03 ± 1.73	7.06 ± 0.53	1.46 ± 0.15
	新叶	22.78 ± 0.92	2.05 ± 0.12	10.32 ± 1.18	7.08 ± 1.66	2.05 ± 0.13
	老叶	16.37 ± 0.87	1.81 ± 0.10	7.20 ± 0.49	9.67 ± 1.11	2.11 ± 0.20
	叶脉	9.35 ± 0.43	2.46 ± 0.11	20.55 ± 2.87	5.42 ± 0.94	1.51 ± 0.12
	心叶	24.18 ± 2.43	2.40 ± 0.28	15.20 ± 0.13	6.66 ± 1.11	2.56 ± 0.24
	苞叶	9.80 ± 1.37	1.74 ± 0.21	16.18 ± 1.26	6.48 ± 0.66	1.87 ± 0.13
	花枝	27.60 ± 3.23	4.33 ± 0.39	23.05 ± 2.87	11.31 ± 0.91	3.86 ± 0.51
	雌花	29.96 ± 10.09	2.70 ± 0.77	20.47 ± 1.94	10.46 ± 0.70	3.51 ± 0.27
	雄花	25.82 ± 4.57	2.56 ± 0.57	24.21 ± 2.92	14.84 ± 2.38	3.09 ± 0.51
花期	根	6.87 ± 0.21	1.14 ± 0.08	9.48 ± 0.59	2.07 ± 0.24	1.28 ± 0.10
	茎	7.52 ± 0.60	0.78 ± 0.04	7.10 ± 0.59	4.38 ± 0.63	1.19 ± 0.09
	新叶	21.63 ± 1.27	2.02 ± 0.07	12.59 ± 0.46	6.70 ± 2.46	2.32 ± 0.49
	老叶	17.52 ± 0.85	1.82 ± 0.15	7.61 ± 0.79	8.95 ± 0.46	2.12 ± 0.11
	叶脉	10.92 ± 0.78	2.36 ± 0.47	20.37 ± 1.24	5.90 ± 0.25	1.52 ± 0.10
	心叶	26.28 ± 4.37	2.76 ± 0.33	13.28 ± 1.06	5.79 ± 1.15	2.44 ± 0.29
	苞叶	12.75 ± 2.16	1.73 ± 0.16	16.66 ± 1.06	7.32 ± 0.36	1.64 ± 0.16
	花枝	24.65 ± 0.76	2.92 ± 0.12	19.58 ± 1.52	6.91 ± 0.61	3.20 ± 0.10
	雌花	22.48 ± 0.9	2.88 ± 0.11	18.39 ± 1.21	8.20 ± 0.80	3.06 ± 0.27
	雄花	24.64 ± 1.92	3.44 ± 0.17	17.87 ± 1.01	10.71 ± 1.25	2.68 ± 0.14
果期	根	6.85 ± 0.79	1.75 ± 0.53	6.66 ± 1.03	2.84 ± 0.17	1.00 ± 0.07
	茎	6.04 ± 1.34	1.09 ± 0.43	6.11 ± 1.44	3.51 ± 0.65	1.13 ± 0.24
	新叶	20.79 ± 1.44	1.94 ± 0.14	5.96 ± 0.75	8.71 ± 0.87	2.25 ± 0.13
	老叶	17.29 ± 0.94	1.82 ± 0.13	8.49 ± 1.42	8.01 ± 2.14	1.99 ± 0.3
	叶脉	9.85 ± 0.63	2.68 ± 0.19	21.78 ± 3.35	5.39 ± 1.07	1.48 ± 0.27
	心叶	28.83 ± 3.30	2.84 ± 0.42	15.45 ± 2.07	7.46 ± 1.11	2.92 ± 0.29
	苞叶	10.20 ± 0.64	1.85 ± 0.35	13.36 ± 1.07	6.73 ± 1.48	1.83 ± 0.25
	果枝	18.21 ± 1.42	2.39 ± 0.11	11.39 ± 0.54	5.21 ± 0.95	1.95 ± 0.25
	果	13.41 ± 1.55	1.96 ± 0.05	26.85 ± 1.61	5.12 ± 0.63	2.31 ± 0.25

表6-2 槟榔不同时期各部位微量元素含量

生育期	部位	Fe（mg/kg）	Mn（mg/kg）	Zn（mg/kg）	Cu（mg/kg）	B（mg/kg）
越冬期	根	844.48 ± 11.38	17.28 ± 1.49	18.91 ± 1.54	12.57 ± 1.20	17.66 ± 1.98
	茎	499.2 ± 68.83	19.68 ± 2.03	58.98 ± 12.25	10.69 ± 1.02	14.48 ± 1.37
	叶	121.59 ± 24.55	52.71 ± 7.83	21.94 ± 3.85	9.31 ± 1.11	17.96 ± 1.54
	叶脉	96.98 ± 4.12	22.54 ± 1.84	27.86 ± 0.43	12.39 ± 0.88	20.41 ± 3.84
	心叶	135.13 ± 56.61	21.86 ± 4.96	31.12 ± 1.40	11.36 ± 0.78	10.73 ± 2.62
	苞叶	57.63 ± 3.40	27.01 ± 6.48	19.27 ± 2.95	8.53 ± 0.29	32.54 ± 4.86
花苞期	根	758.58 ± 19.46	16.94 ± 1.75	15.09 ± 3.20	16.64 ± 2.25	9.70 ± 1.62
	茎	522.51 ± 51.03	19.11 ± 3.83	46.48 ± 11.19	14.42 ± 3.91	10.98 ± 0.73
	新叶	107.71 ± 9.07	40.79 ± 7.28	16.34 ± 1.59	9.44 ± 0.34	12.89 ± 0.84
	老叶	101.70 ± 20.66	51.77 ± 5.90	16.09 ± 1.68	8.80 ± 0.78	11.68 ± 2.16
	叶脉	107.83 ± 4.98	17.41 ± 2.12	21.78 ± 4.12	9.80 ± 0.25	24.12 ± 3.04
	心叶	58.27 ± 7.81	24.52 ± 2.83	36.70 ± 3.23	13.25 ± 0.38	3.07 ± 2.22
	苞叶	135.39 ± 7.27	15.89 ± 0.98	15.51 ± 0.17	8.33 ± 0.63	21.03 ± 3.60
	花枝	94.93 ± 8.69	46.57 ± 9.48	48.07 ± 2.41	15.48 ± 1.25	36.91 ± 0.64
	雌花	124.78 ± 18.11	16.52 ± 2.30	36.31 ± 3.97	15.81 ± 1.98	31.62 ± 1.43
	雄花	172.94 ± 30.93	47.19 ± 11.81	54.49 ± 8.82	25.20 ± 6.43	33.01 ± 4.24
花期	根	767.09 ± 45.18	8.05 ± 1.22	11.6 ± 1.61	12.22 ± 1.13	13.10 ± 2.52
	茎	192.16 ± 18.39	6.67 ± 0.45	35.00 ± 8.84	8.41 ± 0.71	8.18 ± 2.32
	新叶	105.14 ± 13.23	29.42 ± 8.85	17.49 ± 2.09	8.00 ± 0.48	17.72 ± 2.27
	老叶	98.02 ± 14.95	45.68 ± 5.60	10.23 ± 0.91	5.82 ± 0.38	18.55 ± 2.28
	叶脉	96.47 ± 10.25	11.63 ± 2.38	19.75 ± 3.86	8.80 ± 1.05	15.43 ± 1.03
	心叶	75.58 ± 11.92	20.68 ± 3.59	s36.25 ± 6.64	12.27 ± 2.51	18.67 ± 1.92
	苞叶	103.10 ± 13.61	13.47 ± 1.07	13.24 ± 3.01	5.74 ± 0.26	23.91 ± 1.60
	花枝	110.74 ± 4.71	20.64 ± 4.33	35.42 ± 3.18	12.44 ± 2.78	16.92 ± 1.56
	雌花	66.26 ± 8.40	37.86 ± 4.26	25.75 ± 2.71	17.28 ± 2.13	21.46 ± 1.67
	雄花	175.75 ± 56.67	66.55 ± 11.36	29.03 ± 2.02	19.29 ± 3.40	20.24 ± 0.55
果期	根	835.73 ± 48.87	10.94 ± 1.40	14.62 ± 12.31	8.22 ± 2.79	22.31 ± 1.45
	茎	155.59 ± 3.44	9.67 ± 1.17	30.52 ± 1.11	6.75 ± 0.95	26.10 ± 1.08
	新叶	96.13 ± 18.92	39.14 ± 5.51	10.56 ± 1.61	4.90 ± 1.14	30.13 ± 2.81
	老叶	94.65 ± 14.60	41.09 ± 20.51	8.34 ± 1.64	3.52 ± 0.40	5.65 ± 0.26
	叶脉	117.35 ± 21.33	14.20 ± 2.19	20.25 ± 5.78	9.35 ± 2.31	32.88 ± 3.59
	心叶	105.58 ± 19.91	30.89 ± 4.56	41.06 ± 6.80	8.14 ± 0.81	41.32 ± 4.31
	苞叶	121.69 ± 8.25	4.86 ± 0.24	6.56 ± 2.47	6.96 ± 0.83	39.99 ± 3.83
	果枝	81.88 ± 2.52	16.77 ± 1.15	12.57 ± 1.92	7.66 ± 0.61	41.24 ± 3.26
	果	140.17 ± 18.41	18.42 ± 1.96	19.33 ± 2.48	5.86 ± 2.14	48.74 ± 0.11

注：引自陈才志，2020。

（三）挂果槟榔水分需求规律

灌溉可以明显提高挂果槟榔的经济效益。根据我们研究发现，随着灌水量的增加，挂果槟榔的产量也随之增加，当灌溉量在田间持水量的70%时，槟榔的产量最大如表6-3所示，且70%的田间持水量所得果实的品质也要好于其他，如表6-4所示，其可溶性糖含量、总酚含量、纤维素含量均显著高于不灌水处理，3个处理间的维生素C含量不存在显著性差异，但是随着灌水的减少，维生素C含量逐渐减小。说明槟榔适宜的灌溉量在田间持水量的70%左右，而前期槟榔幼苗试验也有此印证。

表6-3 不同滴灌量下槟榔产量构成的影响

田间持水量（%）	单果鲜重（g/果）	单梭果数量（个/梭）	单梭果鲜重（g/梭）	单株果鲜重（kg/株）	亩产（kg/亩）
70	24.43a	151.3a	455.7a	7.2a	787.6a
50	24.27ab	138.9a	413.7ab	5.9ab	653.0ab
不灌水	23.74b	121.4a	372.9b	4.5b	492.4b

表6-4 不同滴灌量对槟榔果实品质的影响

田间持水量（%）	可溶性糖含量（μg/g）	维生素C含量（mg/g）	总酚含量（mg/L）	纤维素含量（%）
70	18.93 ± 2.75a	17.83 ± 3.29a	33.65 ± 5.87a	15.69 ± 3.07a
50	12.64 ± 2.02b	15.42 ± 2.46a	28.93 ± 6.45a	10.87 ± 2.36a
不灌水	9.36 ± 3.44b	13.27 ± 3.38a	23.34 ± 6.52b	8.54 ± 1.47b

注：引自李晗，2021。

耗水量的多少可反映植株生育进程的快慢，由表6-5可知，不同滴灌量下槟榔不同生育时期的耗水变化量。土壤蒸发量随灌水量的增加而增加，在槟榔的任一生长时期都呈现出此规律，在各生育时期，槟榔果期的蒸发量要大于其他生育时期。且在槟榔进入越冬期时，土壤水分储存量达到负值，一旦出现负值，说明土壤中的水分已不能满足槟榔的生长，因此，槟榔的越冬期是水分需求的临界期。槟榔的花期和槟榔的果期的耗水量较大，槟榔的果期耗水量最大，其次是槟榔的花期，说明槟榔的果期和花期是槟榔生长需水关键时期。

表6-5　不同滴灌量下槟榔各生育期的耗水量

生育时期	田间持水量（%）	土壤蒸发（mm）	土壤储存（mm）	土壤渗漏（mm）	土壤径流（mm）	槟榔耗水（mm）
花苞期	70	264.55a	5.4a	306.73a	110a	249.4a
	50%	253.39a	3.5a	274.55a	103a	180.5b
	不灌水	237.92b	1.9b	267.34a	97b	150.6c
花期	70	405.21a	44.9a	518.15a	117a	295.3a
	50	381.2b	41.3a	500.67a	105ab	264.3b
	不灌水	363.01c	38.4a	480.59b	100b	230.5c
果期	70	436.14a	53.5a	470.85a	127a	362.8a
	50	402.50ab	47.9b	442.83b	112b	373.6a
	不灌水	376.38b	42.8c	379.77b	109b	317.6b
越冬期	70	225.82a	0.7a	2.71a	126a	190.1a
	50	218.59a	−1.3b	1.78ab	122a	170.0ab
	不灌水	207.30a	−2.4b	1.24b	116a	150.9b
合计	70	1 331.72a	104.5a	1 298.44a	480a	1 101.8a
	50	1 255.68ab	87.9b	1 219.83ab	442b	995.3b
	不灌水	1 184.61b	80.7c	1 128.94b	422c	852.6b

注：引自李晗，2021。

　　充足的水分对于挂果槟榔树有提前开花，提高坐果率，促进幼果生长，促进增产增收等方面的好处。因此，在槟榔的花期和果实膨大期需要充足的水分来满足花果的生长发育，在旱季要记得保持土壤的水分，而在雨季则需注意及时排除园内积水，避免涝害。

（四）挂果槟榔水肥一体化存在的问题

　　海南省槟榔种植以农户自发种植为主，多种植于坡地，因其具有抗逆性，大多管理粗放，很多槟榔园因水肥管理不当、农业生产水平较低，造成营养缺失、水肥失衡，严重影响了槟榔的生产发育。另外，海南位于热带北部边缘，有"天然大温室"之称，季节性干旱严重，加上农户不擅管理，槟榔的水分条件不容乐观。针对存在的不足和问题，通过引进先进的槟榔栽培技术与节水滴灌工程技术集成融合，进行合理的水肥一体化技术管理，这对充分挖掘当地槟榔增产潜力、大幅度提高槟榔产量和效益具有重要的现实意义。

（五）水肥一体化的作用

1. 肥效快，水分、养分利用率高

肥料溶于水中形成浓度合理的水溶液，易于槟榔作物根系吸收，以较快的速度在植物体内发挥生理代谢作用；水肥以少量多次的方式施入土壤，根系以"细酌慢饮"的形式吸收利用，基本无水肥剩余浪费，避免了过多水肥渗入土壤，防止了肥料施在较干的表土层溶解慢引起挥发损失，提高了水肥的利用率，水肥一体化施肥体系比常规施肥节省肥料35%~50%、节水30%~50%。

2. 有利于环境保护，改善生态条件

水肥一体化采取少量多次的策略，可以防止肥水下渗引起的地下水和河流的水体污染，有利于保护环境；少量多次可以防止土壤板结，保持土壤温度和空气相对湿度，温室气温提高2~4℃，地温提高2.7℃，空气相对湿度平均降低8%~10%，保护设施的生态环境，有利于防病和植物生育。

3. 可达到产量高、品质好的目的

水肥一体化灌溉可满足作物肥水"吃饱喝足"的需要，通过人为定量调控，杜绝了植株缺素症的发生，达到防病控病的目的，创造良好的生育环境，植株生育良好，产量提高，品质优良。

二、挂果槟榔水肥一体化建设

（一）灌水系统的建立

1. 组成部分

由水源、首部控制枢纽、输配水管道、灌水器4部分组成。

2. 首部枢纽

包括电源、水泵、流量控制器、过滤器、施肥器、增压泵、压力表、阀门。

3. 输配水管道

包括主管、支管、控制阀。

4. 灌水器

滴灌带、喷灌带。

5. 水源

湖泊、水库、池塘、水井、蓄水池，水质符合GB 5084—2021标准。

（二）施肥系统的建立

施肥系统是水肥一体化系统的关键之一，要根据槟榔种植地的特点选择适合的施肥系统。

1. 文丘里施肥系统

文丘里施肥器因其出流量较小，主要适用于小面积种植场所。

2. 泵吸式施肥系统

适用于数百亩以内的施肥，是潜水泵抽水直接灌溉的水肥一体化最佳选择，适用于喷灌、滴灌、微灌等灌溉方式。

3. 重力自压施肥法

适用于丘陵坡地等利用天然的高处蓄水池作为水源的种植地，其缺点是必须把肥料运至高处。

除此之外还有移动式灌溉施肥机、自动灌溉施肥机等。

（三）过滤系统的选择

水肥一体化系统中灌水器的水流孔径一般都很小，这就要求灌溉水中不含有会造成灌水器堵塞的污物和杂质，而实际上任何水源，都不同程度地含有各种污物和杂质。因此过滤系统是保证水肥一体化系统正常运行、延长灌水器使用寿命和保证灌水质量的关键。过滤系统主要有拦污栅（筛、网）、沉淀池和过滤器。

1. 拦污栅

主要用于有大体积杂物的灌溉水源中，用于拦截枯枝残叶、杂草等较大的漂浮物。

2. 初级拦污筛（网）

一般安放在水源中水泵进口处，主要用于过滤水草、杂物和藻类等稍小的污物和杂质。

3. 沉淀池

可以去除一般灌溉水中的悬浮固体污物和水源中的合铁物质，主要用于对沙粒与淤泥等污物含量较高的浑浊地表水源进行净化处理。

4. 离心式过滤器

能连续过滤高含沙量的灌溉水，其缺点是不能除去与水比重相近和比水轻的有机质等杂物。

5. 沙石介质过滤器

利用沙石作为过滤介质的，污水通过进水口进入滤罐经过沙石之间的孔隙截流和俘获而达到过滤的目的。

6. 筛网过滤器

是一种简单而有效的过滤设备，在国内外灌溉系统中使用最为广泛。主要用于过滤灌溉水中的粉粒、沙和水垢等污物，也可用于过滤含有少量有机污物的灌溉水，但当有机物含量稍高时过滤效果很差，尤其是当压力较大时，大量的有机污物会挤过筛网而进入管道，造成系统与灌水器的堵塞。

在选择净化设备和设施时，要考虑灌溉水源的水质、水中污物种类、杂质含量，同时还要考虑系统所选用灌水器种类规格、抗堵塞性能等。

（四）管道系统的要求

管道系统的作用是将处理过的水，按照要求输送分配到每个灌水单元和灌水器，一般包括干管与支管，而在微灌系统中会用到毛管。

管道系统对管材和连接件的要求有5点。

（1）可以承受住水压。

（2）耐腐蚀抗老化性能好。

（3）参数必须符合技术标准。

（4）价格便宜。

（5）施工安装简单。

管道的种类以塑料管为主，根据水肥一体化系统的设计要求也可以使用聚乙烯管、聚氯乙烯管、铸铁管、钢管等种类的管道。连接件的种类也应与管道的种类相匹配。

为了对系统进行操作与确保系统正常运行，系统中必须安装有必要的控制、测量和保护装置，如阀门、流量和压力调节器、流量表或水表、压力表、安全阀和进排气阀等。

（五）挂果槟榔水肥一体化建设

在水肥一体化的建设中，一般来说简易的灌水系统与简易的施肥系统就可以满足水肥一体化的基本需求。而在资金允许的情况下可以增加投入，在灌水系统与施肥系统上增加自动控制装置可以大大地减少人力的投入。在喷灌与滴灌系统上，过滤系统是不可缺少的一部分，不然可能会导致毛管的堵塞。在管道系统的铺设中，要考虑到不影响日常的田间管理，而将主管埋进土里可以延长主管的使用寿命。

槟榔的种植地地形大体分为2类：种植地地形较平缓，高度差异不大的平地与种植地地处山地，坡度较大的坡地。2种地形上的水肥一体化设计有所不同。

平地挂果槟榔水肥一体化系统建设：根据水源的不同选择合适的供水系统，也可建造蓄水池等相关设施辅助供水。由于平地的高度差不大，水肥由于重力原因而产生的压力偏小，不足以支持大面积的灌溉，所以需要配套的增压系统，增压系统的选用根据种植面积等情况而定。在平地的管道系统，干管、支管应尽量双向控制，两侧布置下级管道，以节省管材和投资（图6-5）。

1—水泵
2—压力传感器
3—排气阀
4—主阀
5—施肥系统
6—调节阀
7—压力表
8—过滤器
9—流量表
10—主管
11—小区阀
12—支管
13—滴灌带/微喷头
14—支管连接件
15—管件
16—自动控制系统

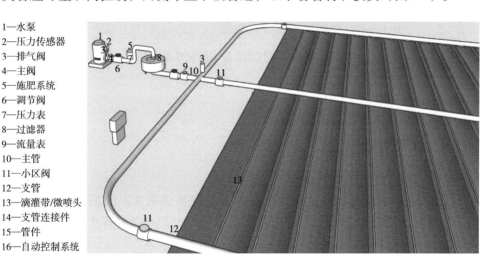

图6-5　挂果槟榔平地水肥一体化建设示意图

坡地挂果槟榔水肥一体化系统建设：种植地为坡地的时候存在较大的高度差，水肥一体化供水系统与施肥系统通常会设计在种植地的最高处，以便于利用高度差带来的重力势能，从而节省一部分增压系统的支出，重力自压施肥法是比较适合坡地的一种施肥系统。在坡地水肥一体化的供水系统中，水源一般采用高位蓄水池，辅助以从水源地抽水的水泵。管道系统的干管可以沿山脊或等高线布置，支管则垂直于山脊或等高线，因其重力可以减少一部分增压系统的支出，但是如果高度不够，增压系统是不能省略的（图6-6）。

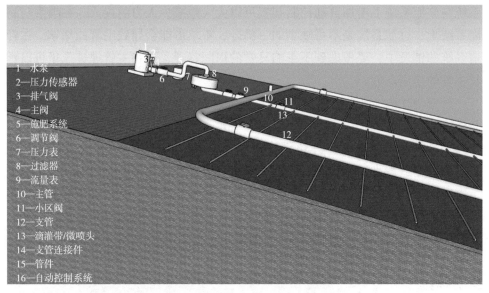

1—水泵
2—压力传感器
3—排气阀
4—主阀
5—施肥系统
6—调节阀
7—压力表
8—过滤器
9—流量表
10—主管
11—小区阀
12—支管
13—滴灌带/微喷头
14—支管连接件
15—管件
16—自动控制系统

图6-6 挂果槟榔坡地水肥一体化建设示意图

三、挂果槟榔水肥一体化应用

（一）灌水制度

1. 灌水原则

依据槟榔的需水规律、天气情况及土壤墒情确定灌水时期、次数和灌水量。槟榔需水但是却不耐水，所以在雨量较多的时候要及时排水。

2. 灌水时间

于花序形成期，脱苞期、初花期、盛花期（均在海南旱季1—4月），如遇干旱应灌水，5天灌1次，末花期、果实形成期（海南雨季）根据降水量可适量减少灌水次数。

3. 灌水量

根据树冠大小及旱情确定每次灌水量，一般每次每株树灌水4.0~8.8 kg。

4. 节水灌溉方案

宜采取"适宜土壤含水量法"判定槟榔是否需要灌水。当耕层土壤含水量低于适宜土壤含水量时，应及时滴灌灌水。槟榔不同生育阶段耕层适宜湿润深度和适宜的土壤含水量下限值基本相同，一般耕层适宜湿润度和适宜的土壤含水量下限值为0~30 cm和田间持水量的60%~75%。

（1）槟榔土壤含水量的确定。于晴朗无雨的上午，参照GB/T 28418和SL 364，选择适宜的土壤水分测定方法，测定槟榔根系周表下0～20 cm和20～40 cm土层土壤体积含水率。

（2）土壤储水量的计算。0～100 cm土层土壤储水量按照如下公式计算：

$$SS = 土层厚度（cm）× 土壤容重（g/cm^3）× 土壤含水量（\%）× 10$$

式中，SS为0～100 cm土层土壤储水量（mm）。

（3）需补水量的确定。宜采用"适宜土壤含水量法"判定槟榔是否需要灌水。

当θr-0-20>70%且SS>317nm时，无需补水。

当θr-0-20>70%且SS≤317 mm时，按公式计算需补水量：

$$I_s = 1\ 394.7 - 582.59A$$

式中，I_s为补灌水量（mm）；θr-0-20为0～20 cm土层土壤体积含水率（v/v，%）；A为为土壤含水量（%）。

当θr-0-20≤70%时按公式计算需补灌水量：

$$I_s = 996.2 - 582.59A$$

式中，I_s为补灌水量（mm）；A为土壤含水量（%）。

（二）施肥制度

1. 施肥原则

在养分需求与供应平衡的基础上，坚持有机肥料与无机肥料相结合；坚持大量元素与中量元素、微量元素相结合；坚持基肥与追肥相结合；坚持施肥与其他措施相结合；应与槟榔滴灌灌水方式相协调，在整个滴灌槟榔地或一个轮灌组控制的槟榔地内实施统一追肥管理；按照采用正确的肥料品种、适宜施肥量的确定、在正确的时间和正确的位置施肥的原则进行施肥管理。

2. 施肥时间与施肥量

根据目标产量、土壤肥力状况和槟榔生长发育过程中对营养的要求，确定槟榔的施肥量。选用可溶性常规固体肥料，或水溶肥料，或有机液体肥料。水溶性肥料应符合NY 1107的规定。槟榔的成龄树营养生长和生殖生长同时进行，主要是落实好保花保果措施。这一阶段对钾素的需求较多，故成龄树应以增施钾肥、磷肥为主，氮肥为辅。一般每年主要有3次施肥期。

第1次为养树肥：在采果结束后12月至翌年1月尽早施用，每株施用磷肥沤熟的优质有机肥每株5~8 kg后，施平衡性15-15-15复合肥0.4~0.5 kg、硫酸钾0.25 kg 1~2次，使槟榔树在采后能及时得到养分的补充，对采果后的树势恢复及其后的花序分化都有促进作用，为下年开花结果打下良好基础。

第2次壮花肥：3—4月是槟榔盛花期，此时每株追施复合肥0.4~0.5 kg，施用1~2次以提高槟榔树开花结实率。

第3次为壮果肥：在6—7月的幼果期，每株追施复合肥0.5 kg、尿素0.25 kg，施用1~2次以促进果实发育膨大。槟榔的成花率较高，但由于受到营养不足、病虫害的影响，往往导致结果率较低，仅有成花量的10%，因此保花保果综合技术已是槟榔生产中的关键技术，在抽穗期、花期和幼果期还要喷施叶面肥，如叶面宝、高美施和氨基酸类叶面肥。同时，在喷叶面肥时加入一些防治病虫害的农药防治病虫害，以达到保花保果的目的。

正常施入有机肥的槟榔园一般无需再补充中、微量元素，但一些滨海地区有机质含量很低的槟榔园容易出现缺镁、缺硼和缺锌等现象，可根据症状的表现有针对性地施入中微量元素肥料。成龄树施钙镁磷肥150~250 g、硫酸镁50~100 g、硼砂25~40 g、硫酸锌25~50 g，每年2~3次。

（三）技术档案

（1）认真做好灌溉与施肥量的记录，记录每次灌水、施肥的时间、用量、肥料种类。

（2）统计田块的产量及品质指标（单果重、纤维素含量、多酚含量、糖含量等）。

（3）每隔3年，在采收后取土测定果园0~60 cm土层的土壤养分和盐分，确定土壤肥力等级、施肥量、灌水量。

第四节　幼龄槟榔水肥一体化关键技术与应用

一、前言

（一）幼龄槟榔的特点

槟榔挂果前为幼龄槟榔时期。槟榔树龄达到5~7年才开始挂果，在此之前的幼龄槟榔期同挂果槟榔期不同，该时期槟榔以营养生长为主。幼龄槟榔生长过程中需要一定的光照但不能过高，需要进行遮阴处理，荫蔽60%为宜，阳光直晒容易导致幼龄槟榔灼伤，叶片发黄。幼龄槟榔对于水分的需求同挂果槟榔类似，需要充足的水分保证其生长，尤其是在海南的旱季。幼龄槟榔由于处在营养生长期，对于氮素需求较大，施肥方面主要以氮肥为主。幼龄槟榔的生长状况直接影响到挂果槟榔的长势和产量，光照、水分、肥料等方面的管理方式尤为重要。

（二）幼龄槟榔施肥现状

槟榔地有机肥施用明显偏低，甚至有常年不施用的情况。况且农户往往更加注重挂果成体槟榔的施肥而忽视幼龄槟榔的施肥管理，槟榔幼苗期是槟榔重要的生长阶段，幼龄阶段的槟榔处于营养生长阶段，需要大量的氮素养分，但海南的土壤存在氮素匮乏的状况，幼龄槟榔时期急需氮肥的补充。

针对幼龄槟榔的有效施肥有助于壮大树势，加快槟榔生长，幼龄槟榔的生长状况影响到挂果成体槟榔的生长发育情况及产量。而施肥不足易导致槟榔幼苗茎秆细弱，叶面小而薄且颜色偏黄，抗虫抗病能力弱，将使得幼龄槟榔生长缓慢，且易受到病虫害的影响，使其成活率低及生长状况差，最终导致挂果成体槟榔的产量不佳。

槟榔施肥同样需要注重方式，部分农户单施肥不进行浇水，导致肥料利用率低，养分吸收缓慢。槟榔植株的养分吸收依赖于水分，水肥耦合才能使肥料被幼龄槟榔充分吸收土壤中的养分。海南的旱季雨季明显，而槟榔植株本身对于水分需求也很大，尤其是幼龄槟榔，水分不足不仅影响其对于土壤养分的吸收，也极大影响其正常的生长发育，水分不足引起的生理性黄化对于槟榔的生长也非常不利，水肥一体化的建设与施用，不仅能保证幼龄槟榔所需的高灌溉量，也能保证幼龄槟榔对于土壤养分的充分吸收。

由于长期以来广大槟榔种植者对槟榔种植管理存在重种轻管、重收轻管的思想，仅凭自己的经验，而不按槟榔生长期、槟榔园土壤营养状况等情况进行科学施肥，使海南省槟榔产量普遍偏低，抵御病害能力也不强。

（三）幼龄槟榔养分需求规律

幼龄槟榔为营养生长阶段，其生长主要是建造根、茎、叶的营养生长，需要氮素较多，加之海南地区槟榔园内土壤全N匮乏，施肥应以氮肥为主，且海南地区土壤酸性较强，虽然全磷含量较为充足，但有效磷含量低，因而需辅以一定量磷肥。此外槟榔是喜钾植物，还需适当施用钾肥。随着植株的成长，年施肥总量逐年增长，果实收获前1年应加大钾肥的用量。

氮元素是作物主要营养元素，是作物构成的生命基础物质，作物中所有生理活性物质都含有氮，所以被称为"生命元素"；氮是叶绿体基本成分，足量供应能促进营养生长、延缓衰老、提高光合作用效率，增加作物产量。研究发现热带地区各类经济作物对各类氮的需求表现更为迫切，处于热带边缘地带的海南岛属于高温多雨气候，环境潮湿，典型土壤为赤红壤，这导致土壤中肥料淋失严重，所以要在海南岛施用多的氮肥来补充养分。

磷是构成核酸的基本元素，含量缺少，酶的活性就会下降，作物能量供应和多种代谢作用受限或停滞，如作物缺磷表现出分生组织发育不正常，作物生长缓慢，根系不发达，叶面积小，花芽分化不良，易落花落果，导致产量低，品质差。研究发现植物的共生根瘤菌可以提高对磷的吸收，最大程度地利用磷肥，对共生根瘤菌的深入探索，可多方面地应用于生产中。

钾是植物组织中含量较高的重要阳离子，扮演多种酶的活化剂和平衡离子角色，参与植物体内的多种代谢，维持细胞膨压，调节作物水分，提高光合作用转化效率和同化物的运输，参与氮代谢和蛋白质合成，可以提高作物抗逆性，激活酶的活性等作用。

（四）幼龄槟榔水分需求规律

幼龄槟榔时期，实验结果表明处于土壤含水量为（30±5）%低灌溉量处理下的各形态指标与其他处理相比相对较小，同时各组织含水量最少。植物在受到水分限制时，通过调节其形态（高度、叶长、叶宽等）和生物量的分配来适应逆境。增加根冠比是植株缓解干旱的一种方式，干旱发生后植物将生长重心转移到根部，通过增加从土壤吸收的水分和养分来供给自身生长，从而达到缓解植株地上部和地下部需水的矛盾，而避免幼龄槟榔地上部生长不佳。当土壤含水量在（90±5）%高灌溉量时处理下，槟榔幼苗的叶长差异不显著，而裂叶长显著高于其他处理。土壤水分过多，造成裂叶徒长，叶片细窄。

土壤水分对植物的影响主要是通过对植物的形态、数量和持续的时间来完成的，水分过多或过少都会抑制植物的生长。低的土壤相对含水量使槟榔幼苗生长矮小，叶面积减小，叶绿素含量降低，叶片黄化且光合速率下降，根系活力减弱。

本实验室相关研究表明，幼龄槟榔最佳的灌溉量应为维持土壤相对含水量约70%。幼龄槟榔在适宜的水分条件下，叶色浓绿有光泽，叶柄粗大，生长迅速长势良好。当土壤中的相对含水量为55%～70%时，槟榔的光合速率高并且有利于它的生长。灌水量维持在土壤相对含水量为70%左右时对于槟榔幼苗各形态指标、光合作用及根系生长最为有利。

二、幼龄槟榔水肥一体化施用技术

（一）水肥一体化的概念及作用

槟榔水肥一体化是以微灌系统为载体，根据槟榔的需水需肥规律和土壤水分、养分状况，将水溶性肥料与灌溉水一起，适时、适量、准确地输送到槟榔根部土壤供植株吸收的现代施肥方法。

海南省槟榔施肥时期多在旱季，槟榔园90%以上没有灌溉设施，肥料施用后的效果和利用率很低。肥料施用后的效果需要有水的供应，水肥一体化技术是灌溉与施肥融为一体的农业新技术，可根据不同作物需肥特点，土壤环境和养分含量状况及作物不同生育期需水需肥规律进行定时定量供给，建议在全省有条件的槟榔园建立简易的灌溉设施，可有效提高水资源和肥料利用率，降低农业生产造成的环境污染。

幼龄槟榔是槟榔生长期中重要的营养生长时期，充足稳定的水分供应和足量的养分供给能很好地保障幼龄槟榔的水分养分需求和生长状况，实现科学有效的增产增效，提高槟榔挂果期的产量。

（二）水肥一体化施用技术

1. 基肥

在幼龄槟榔定值后施用，以有机肥为主，以土施为主。

2. 追肥

（1）施肥原则。根据槟榔植株的养分需求规律，园区土壤营养元素含量情况及当季的结果情况，确定合理的施肥时间、施肥种类和施肥量，以及各营养元素间的配比。追肥以少量多次为宜，基肥进行土施，追肥结合灌水进行水肥共施。

（2）施肥量。幼龄期槟榔树，根据树势进行肥料配方施用。

（3）施肥时间及技术。定值1年内，于移栽成活长第1片新叶时开始施肥，1～2个月施1次，每株施用尿素25～50 g或腐熟粪水或花生麸液或沼气液的稀释液按每株3～5 kg通过微灌系统进行水肥共施。定值2年内，以施速效化肥为主，要勤施薄施。用1%左右的尿素水、2%左右的复合肥水或配水2∶1的沼液肥水淋于槟榔根部，每年施1次，在离树干17 cm处开环沟灌溉，每株每次施7～10 kg有机肥。追施化肥方法：按每株每次施复合肥或尿素肥0.2～0.3 kg；或每株每次施沼液肥2～3 kg，结合灌溉量和水进行配比灌溉。施沼液肥后要盖薄土，以防肥效流失。旱季追施化肥或沼液肥2～3次。旱季过后还要施肥，促进生长。

（4）肥料选择

用于灌溉施肥的肥料品种必须是符合国家标准或行业标准的水溶性肥料。常用的水溶性肥如下。

氮肥：可选择尿素、硝酸钾、硫酸铵等肥料。

磷肥：可选择过磷酸钙、磷酸二氢钾、磷酸一铵等肥料。

钾肥：可选择硝酸钾、硫酸钾、磷酸二氢钾等肥料。

微量元素肥料：硼酸、硫酸镁、硫酸锌、硝酸铵钙及其他一些螯合物。

第五节　槟榔水肥一体化技术的应用案例

一、建设的背景

2019年9月16日下午，海南省委副书记、省长沈晓明在国务院新闻发布会上提出一二三产融合，重点是和农民切身利益密切相关的"三棵树"，即椰子树、橡胶树、槟榔树。当前槟榔由于种植面积广泛，经济效益显著，已跃升为海南省第一大热带经济作物，同时槟榔多为农户自家种植，不似其他果树多为企业种植，涉及农户多，是当前海南脱贫的重要经济作物。

在琼中县等中部山区，槟榔种植多在坡地，以农户为主，因其具较强的抗逆性，大多管理粗放。据统计，90%以上的槟榔园缺乏灌溉设施，水肥管理不当，严重影响了槟榔的生长发育，导致叶片黄化，产量降低。

海南省季节性干旱严重，琼中县属于中部山区，同样受季节性干旱影响，山坡地种植槟榔多依靠天然降水，种植效益不容乐观。水肥一体化灌溉方式能有效提高作物养分和水分利用效率，用较低的水肥管理成本，满足精准调节作物生长、提升产量的需要。

二、建设的必要性

本项目所在的琼中县为全国贫困县，而和平镇加峒村也为省级贫困村。为全面建成小康社会，脱贫是必须完成的政治任务。脱贫攻坚，产业先行，槟榔种植业是当地支柱产业，也是农户最熟悉，最普遍接受的产业，依靠产业兴旺带动脱贫致富，是琼中县科工信局驻村扶贫小组根据实际情况制定的帮扶策略。此时加峒村依靠种植槟榔已基本实现脱贫摘帽，为巩固脱贫效果，还需进一步投入槟榔的水肥一体化设施建设，依靠农业现代化技术管理手段，为持续稳定提升槟榔产量，彻底打赢脱贫攻坚战保驾护航。

三、建设地点

琼中黎族苗族自治县是海南省下辖的民族自治县之一，县境地处海南岛中部，五指山北麓，热带海洋季风气候，夏长无酷暑，冬短无严寒，年均气温22.8℃。全境面积2 704.66km²，辖10个乡镇、2个县属林场和1个县属农场。2012年，县境人口22.8万，黎族占45.63%，苗族占6.1%。

琼中地理位置独特，周边与琼海、万宁、白沙、儋州、陵水、保亭、五指山、屯昌、澄迈9个市县毗邻，海榆中线横贯全境，公路网成辐射状向四周展开，是海南岛公路南北、东西走向的交通枢纽。

本项目位于琼中县和平镇加峒村村集体槟榔种植示范园。

四、建设区基础设施配套条件

项目区位于琼中县和平镇加峒村，加峒村委会共设4个村民小组，总户数132户525人。根据实地走访可知，项目区临近村庄，水电路网发达：水质清洁，可满足农业灌溉需求；项目区周边有220v电源可接入；4 m宽乡村道路直通项目区；4G信号已覆盖。

项目区基础设施配套齐全，建设物资供应齐全，可直接运输至项目区，且项目所在地区劳动力充足，具备建设条件。

五、建设方案

（一）现状情况及建设需求

琼中县和平镇加峒村槟榔示范园占地面积约50亩，项目区整体地形坡度5～15°，海拔240～250 m，周边可取用水源标高约230 m，水量充足。槟榔树由坡顶至坡脚沿梯度种植，行距直线距离约2.5 m，株距2 m。

项目要求建设约20亩水肥一体化灌溉基地，由溪流处取水，坡顶建蓄水池中转，管道输水至地头，根据地块较小的现状，暂不考虑自动化灌溉（但预留接入自动化灌溉的接口），项目区建成后进行1年的水肥管理（图6-7、图6-8）。

图6-7 项目所在地基础设施配套条件

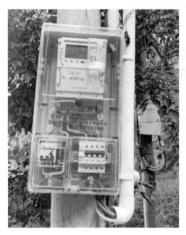

图6-8 建设区现场

（二）工程设计原则

水肥一体化灌溉设计原则应根据项目区水源，地形地貌、土壤、间种作物，耕作方式，动力资源以及建后经营管理意愿和管理水平等因素，因地制宜选择经济，适用，群众易于接受，同时适合当地管理的高效节水灌溉方式。工程设计时应遵循以下原则。

（1）充分论证。尊重工程建后受益主体的意愿，如项目建成后为管理比较粗放的分散农户经营管理的项目区，水源充沛的宜采用低压管灌方式（含田间沟灌和淋灌的方式）或半固定式喷灌（可配轻小型喷灌机组）；项目建成后为专人集中经营管理的项目区，可选择滴灌（含地表滴灌和地埋滴灌）、微喷灌或喷灌（含固定式喷灌和指针式喷灌等）。

（2）因地制宜。充分结合区域自然条件因素，提出各分区的不同灌溉方式。

（3）科学合理。重点考虑灌溉成本及效益关系，统筹考虑自身承担能力以及对产量的期望，再做出灌溉方式的选择。

（4）统筹协调。要与农艺农机措施相适应，结合机械化耕种和收割、土地整治、田间道路规划等要求，选择适合的灌溉方式，并对田间工程布设和管护进行改良，以降低运行管护成本，提高投入产出比，促进用户增产增收，保障高效节水灌溉设施持续发挥效益。

（三）水肥一体化种植管理工程工艺设计

作为水肥一体化示范项目，根据槟榔的生长特性，在水肥设施建设好后，需要对标槟榔的生长情况进行水肥调控。工艺上除了水分灌溉还需要肥料施用。

1. 施肥管理

分为土壤施用和水肥一体施用2种方式。

（1）土壤施用。

基肥施用：槟榔收获后（11月底—12月中旬）进行树体恢复和过冬，需要对其进行基肥施用，按10 kg/株施用微生物有机肥。

孕穗肥：槟榔在孕穗前后施用（每年1—3月），促进花穗的产生，施用量为0.5 kg/株，采用三元复合肥（15-7-28），同时增加硼及锌等微量元素肥。

果实膨大肥：在槟榔坐果后（每年5—7月），促进槟榔坐果及果实膨大，施用0.3 kg/株，采用三元平衡复合肥。

（2）水肥一体化施用。

孕穗肥：在孕穗后，每10天一次，根据具体情况，按槟榔配方（以大中微量元素相结合，海南大学提供）进行施用。一般施用浓度为2%～3%。从1—4月中下旬（根据琼中县和平镇槟榔开花特性而定）。

保果及膨大肥：每15天一次，根据具体情况，按槟榔配方（以大中微量元素相结合，海南大学提供）进行施用。一般施用浓度为1%～2%。从4月中下旬—7月中下旬（视琼中县和平镇槟榔坐果及收获而定）。

2. 病虫害防治

至少防治3次，第1次以防治椰心叶甲及红脉穗螟为主，第2次防治病害（尤其是炭疽病、叶斑病及黄叶病等为主），第3次以病虫一起防治。打药次数及用量均因根据病虫害发生情况而定。根据前期调查的结果，这片槟榔园病虫害较为严重，防治需在3次以上（图6-9）。

图6-9　槟榔园病虫害情况

3. 水分管理

槟榔水分需求关键时期在12月—翌年4月中下旬，5月之后若雨季来临，基本不用再灌溉，若高温又干旱需要灌溉处理。这期间只要连续5天不降雨，均需要进行水分灌溉处理。灌溉要求3～5天1次。

4. 除草

槟榔树下极易滋生杂草，除草方式可用人工也可用除草剂，鉴于目前这片槟榔园的槟榔长势及杂草情况，建议先用人工除去高大杂草1次，然后再使用除草剂，槟榔园需要除草3次。

5. 保花保果

在槟榔开花初期及盛期各进行1次保花保果配方药剂喷施，以增加槟榔的坐果率，提高槟榔产量。

（四）水肥一体化工程设计说明

1. 水肥一体化灌溉系统组成

本项目选用的水肥一体化灌溉系统由灌溉首部（含文丘里施肥器、碟片式过滤器）、泵站、进水管道、蓄水池、输水管道、田间灌水器及各级闸阀组成。

文丘里施肥器与灌区入口处的供水管控制阀门并联安装，使用时将控制阀门关小，造成控制阀门前后有一定的压差，使水流利经过安装文丘里施肥器的支管，用水流通过文丘里管产生的真空吸力，将肥料溶液从敞口的肥料桶中均匀吸入管道系统进行施肥。文丘里施肥器具有造价低廉，使用方便，施肥浓度稳定，无需外加动力等特点，适于灌区面积不大的场合。

2. 灌溉工程设计

（1）需水量预测。基地面积约22亩，种植槟榔树，按最大日需水量1.5 mm计算，本基地日需水量为22 m³。

（2）泵选型。项目区仅可用220v低压电为泵站供能，参考市面可购买到的常见泵型，泵站1（蓄水用）选用2.2KW-IRG离心自吸管道泵，型号为32-200，口径32 mm，流量Q为4 m³/h，扬程H为44 m；泵站2（灌溉用）选用2.2KW-IRG离心管道泵，型号为50-160A，口径50 mm，流量Q为11.7 m³/h，扬程H为28 m。

（3）过滤器选用碟片式过滤器，Q≥4 m³/h，水头损失小于10 m，设计时一般按5 m计。

（4）滴头选用额定流量Q为8 L/h、额定扬程H为0.1 mPa的塑料滴头。

（5）田间管网铺设。由于本项目是在现有槟榔园中布置田间管网，地形有一定坡度，田格沿等高线分布，梯度不规整，在现场种植极不规则的情况下，本项目暂按行距2.5 m，株距2.0 m布置田间管网。蓄水管道选取De50 PVC管，灌溉出水主管选用De63 PVC管，灌溉毛管选用PE20管。

（6）灌溉分区。本项目将22亩的基地分3个轮灌区，每个轮灌区灌溉时间0.5~1 h。

3. 管道水力计算

（1）泵站1扬程核算。取水点至蓄水池高度差20 m，输水管道长291 m，首部水头损失5 m，局部水头损失5 m，过滤器水头损失5 m，选用流量Q = 4 m³/h的泵，De50管输水的情况下，沿程阻力3.64 m，总水头损失$H_{总}$ = 5+5+5+20+3.64 = 38.64 m<$H_{扬程}$（44 m）。即本项目所选输水泵可以顺利将水泵至蓄水池中。

（2）泵站2扬程核算。泵站2需要对本基地3个轮灌区依次给水，核算扬程时，选择输水距离最长的地方计算水头损失。同上，首部水头损失5 m，局部水头损失5 m，灌水器额定工作压力为0.1 mPa，即需预留灌水器的水头损失为10 m，计算沿程水头损失如下。

轮灌区3全部灌水器开启时，灌水器总流量为Q = 9.7 m³/s，主管规格为De63，毛管规格为PE20，从蓄水池到田间地头输水距离最长的线路为160 m+100 m（考虑到毛管铺设时会沿地形绕弯，计算沿程阻力损失时将毛管输水距离取为100 m），在满足灌水器额定流量的情况下，毛管内沿程阻力损失为hPE20 = 3.2 m，主管内沿程阻力损失为hDe63 = 3.25 m，总沿程损失为

6.45 m。总水头损失$H_总$ = 5+5+10+6.45 = 26.45 m<$H_{扬程}$（28 m），即本项目所选灌溉泵可以顺利将水输送至田间地头。

4.轮灌制度安排

（1）灌水时间核算。本项目按槟榔树种植位置布置滴灌滴头，槟榔树种植按行距2.5 m，株距2.0 m统计。轮灌区1面积约6.35亩，共布置846个灌水器，灌水器额定工作流量为8 L/h，1 h工作流量6.77 m³>该区域最大日需水量6.35 m³；同理求得轮灌区2的1 h工作流量7.23 m³>该区域最大日需水量6.78 m³；轮灌区3的1 h工作流量9.71 m³>该区域最大日需水量9.10 m³。即本基地各轮灌区均可在1 h内完成灌溉任务。

（2）轮灌制度安排。日常灌溉制度可根据实际情况灵活安排。既可1日依次灌溉整个基地，也可3轮灌1次，每次开启1个轮灌区。

六、设施设计图纸

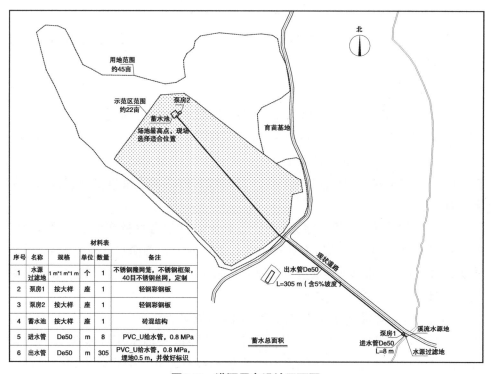

图6-10 灌溉用电设计平面图

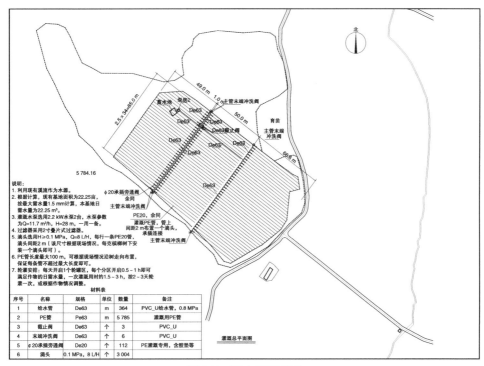

说明：
1. 利用现有溪流作为水源。
2. 根据计算，现有基地面积为22.25亩，按最大蓄水量1.5 mm计算，本基地日需水量为22.25 m³。
3. 灌溉水泵选用2.2 kW水泵2台，水泵参数为Q=11.7 m³/h，H=28 m，一用一备。
4. 过滤器采用2寸叠片式过滤器。
5. 滴头选用H≥0.1 MPa，Q=8 L/H，每行一条PE20管，滴头间距2 m（该尺寸根据现场情况，每克槟榔树下安装一个滴头即可）。
6. PE管长度最大100 m，可根据现场情况沿树走向布置，保证每条管不超过最大长度即可。
7. 轮灌安排：每天开启1个轮灌区，每个分区开启0.5～1 h即可满足作物的日需水量，一次灌溉用时约1.5～3 h，按2～3天轮灌一次，或根据作物情况调整。

材料表

序号	名称	规格	单位	数量	备注
1	给水管	De63	m	364	PVC_U给水管，0.8 MPa
2	PE管	Pe63	m	5 785	灌溉用PE管
3	截止阀	De63	个	3	PVC_U
4	末端冲洗阀	De63	个	6	PVC_U
5	φ20承插旁通阀	De20	个	112	PE灌溉专用，含胶垫等
6	滴头	0.1 MPa，8 L/H	个	3 004	

图6-11　蓄水总平面图

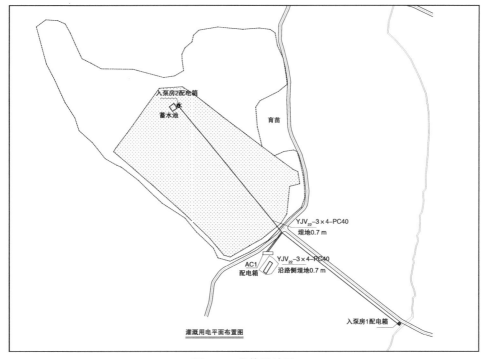

图6-12　总体设计图

七、项目建设过程

（一）工程建设

项目实施时间为2019年12月至2020年2月全面结束，园区占地面积约50亩，实施地块22亩（图6-13～图6-16）

图6-13　槟榔园水管理布置　　图6-14　槟榔园进口管道与电线铺设　　图6-15　水泵装置

图6-16　蓄水池构建

（二）运维管理

作为水肥一体化示范项目，根据槟榔的生长特性，在水肥设施建设好后，需要对标槟榔的生长情况进行水肥调控。工艺上除了水分灌溉还需要肥料施用。

1.施肥管理

分为土壤施用和水肥一体施用2种方式。

（1）有机肥。在2020年1月8日开始树体恢复，每株施有机肥5～10 kg。2020年12月1日，进行第2年度的有机肥施用（图6-17、图6-18）。

图6-17 施肥现场

（2）水肥一体化施用。2019年12月—2020年4月海南旱季，每月通过水肥一体化施用复合肥、微量元素肥和阿卡冰藻3次；2020年5—11月，每月通过水肥一体化施用复合肥、微量元素肥和阿卡冰藻2次。

图6-18 水肥一体化施用

2. 病虫害防治

在2020年5月21日、8月19日、11月19日共进行3次配方药无人机防控（图6-19）。

图6-19   无人机防治

3. 水分管理

2019年12月—2020年4月，每月通过水肥一体化设施浇水6次；2020年5—8月，每月通过水肥一体化设施浇水5次（图6-20）。

图6-20   通过水肥一体化设施浇水

4. 除草

在2019年12月6日、2020年7月10日、2020年10月9日共进行3次喷草铵膦除草，于2020年4月20日进行1次人工除草。

5. 保花花果

在槟榔开花初期及盛期各进行1次保花保果配方药剂喷施，以增加槟榔的坐果率，提高槟榔产量。

八、项目实施效果

（一）除草效果

除草效果见图6-21、图6-22。

图6-21 除草前　　　　　　　　　　图6-22 除草后

（二）防治病虫害效果

病虫害防治效果见表6-6、表6-7、图6-23、图6-24。

表6-6 防治前（2019年）　　　　　　单位：%

调查项目	发生率	发生程度		
		轻度率	中度率	重度率
椰心叶甲	83	11	24	65
红脉穗螟	71	31	47	22
介壳虫	94	28	47	35
炭疽病	100	23	36	41
细菌性条斑	68	39	42	19
黄化	90	26	29	45

表6-7　防治后（2020年）　　　　　　　　　　　单位：%

调查项目	发生率	发生程度		
		轻度率	中度率	重度率
椰心叶甲	7	5	2	0
红脉穗螟	5	4	1	0
介壳虫	2	2	0	0
炭疽病	4	3	1	0
细菌性条斑	1	1	0	0
黄化	4	4	0	0

图6-23　防治前

图6-24　防治后

（三）产量效果

经过近一年的示范与推广，琼中县从政府到槟榔种植户均认识到水肥对槟榔生长，病虫害防控，产量提升上的作用，但因琼中处海南省中部地区，槟榔多种植于坡地，缺水，多数坡度比较大，很难进行水肥设施的建设；同时由于农户种植槟榔地块小且破碎化，建设水肥设施成本高，很多农户有心无力，能建造的地块，农户均有考虑采用了，这要归功于2020年槟榔价格的大幅提升，让农户觉得投资槟榔比其他作物更有效益（表6-8、表6-9）。

表6-8　水肥一体化设施对槟榔挂果率的影响　　　　　　　单位：%

调查项目	挂果率	槟榔产量占比		
		低产	中产	高产
无水肥一体化设施	19	10	5	4
有水肥一体化设施	80	8	20	52

表6-9　水肥一体化设施对挂果槟榔产量的影响

处理	梭数	果数	平均单果重（g）	每株产量（kg）	平均每株产量（kg）	亩产（kg）	较对照增长（%）
无水肥一体化设施	2	167	15.8	2.64	1.91	209.66	—
	1	40	14.9	0.60			
	1	84	14.3	1.20			
	2	187	15.5	2.90			
	3	160	13.7	2.19			
有水肥一体化设施	3	244	16.3	3.98	3.56	391.09	86.54
	4	213	15.4	3.28			
	3	245	14.8	3.63			
	5	211	13.5	2.85			
	6	256	15.8	4.04			

第七章 槟榔水肥一体化与槟榔黄化控制技术

第一节 槟榔黄化产生的原因

植物叶片变黄原因多而复杂，既有生命进程原因，如叶片衰老变黄，也有生理性原因，如水分缺少或过多，营养缺乏，光照太强，温度过高等因素造成，更有多数种植者认为的病虫害引起。具体是由哪种或哪几种原因导致的黄化现象，需要根据实际情况进行分析。

一、黄化病还是黄化症之争

槟榔黄化病是一种严重为害槟榔种植的毁灭性病害，2021年海南全省发病面积可能已达50万亩以上，给槟榔种植业造成巨大伤害。海南槟榔黄化病的发生呈现出一种从南到北扩散的趋势，三亚的槟榔几乎全军覆灭，陵水县的槟榔也已经大部分发病，万宁市槟榔黄化面积也在30%以上，掌握引起黄化的原因，研发可靠的综合防治技术已刻不容缓。

海南省槟榔叶片黄化是由于植原体还是其他病引起，目前还没有科学统一的说法，为此海南省于2018年立项重大项目"槟榔黄化灾害防控及生态高效栽培关键技术研究与示范"（编号ZDKJ201817），进行联合攻关。

槟榔黄化病长期以来被认为是植原体（phytoplasmas）引起的病害，由于缺少能够防治植原体的化学药物，认为槟榔黄化病是"可防可控不可治"，因此鼓励农民砍伐发病槟榔。海南大学槟榔团队通过长期研究发现，"植原体"学说存在明显缺陷。第一，黄化的槟榔植株植原体检出率低；第二，人工侵染无法让槟榔感染黄化病；第三，植原体病害无法自己传播，但传播植原体的媒介至今在海南没有被发现；第四，很多因素（除草剂滥用、椰心叶甲为害、多种真菌和细菌性病害、缺素）都能引起槟榔黄化。因此科学界认为由植原体引起叶片黄化为黄化病，而由其他因子引起的叶片黄化因称为槟榔黄化症比较合理。但海南槟榔种植户将槟榔叶片黄化及枯叶等症状统一认为是黄化病，并普遍认为不可防与治，造成槟榔黄化恐慌。

二、黄化调研结果

为了弄清哪些因素是造成海南槟榔发生黄化的主要原因，海南大学热带农林学院于2017年7月组织了槟榔研究团队，经过前期充分的交流，拟定了从病毒、病虫害、根系、土壤线虫、土壤与植物营养等多方面的综合调研方案。调研组于2017年10—12月对槟榔黄化综合征发生比较严重的万宁和保亭等多个乡镇开展了系统的调研，通过实地调研、采样、挖掘、室内分析，经过2次会商，形成以下调研报告。

（1）关于植原体及其他病毒的结果。槟榔黄化病是由多种病理、生理、药害和虫害等因素引起的槟榔黄化综合征，在海南槟榔产区蔓延危害，成为限制槟榔产业发展的限制性因素。发现束顶型黄化（疑似植原体感染）发生率约为1%，坏死环斑型黄化（疑似病毒感染）在调研的槟榔园均有发生，呈零星分布状态。采用巢氏和半巢氏PCR对收集的72份束顶型黄化样品进行植原体检测，并对PCR产物进行克隆、测序和Blast分析，结果表明所检样品均无植原体感染。初步说明植原体检出率低。后期由海南大学黄惜教授团队通过鉴定分离到长线病毒，且在黄化槟榔树中检出率较高，其认为槟榔叶片黄化主要由此类病毒引起。

（2）槟榔病虫害引起的黄化。本次调研共调查到槟榔病害12种，害虫10种，害螨1种、有害动物2种，病虫害造成的黄化率为48%左右。造成槟榔黄化的主要原因是除草剂药害、椰心叶甲为害和水害沤根，其次还有槟榔细菌性条斑病、炭疽病、茎基腐病、日灼病、疑似槟榔黄化病、环斑病、介壳虫、双钩巢粉虱等。

病害12种：细菌性条斑病（*Xanthomonas campestris* pv. arecae）、炭疽病（*Colletotrichum gloeosporioides*）、茎基腐病（*Ganoderma* sp.）、鞘腐病（*Marasmiellus candidus*）、藻斑病（*Cephaleuros virescens*）、煤烟病（*Capnodium* sp.）、芽腐病（*Phytophthora arecae*）、除草剂药害（草甘膦药害，普遍发生）、槟榔环斑病（病毒）、肥害、水害沤根、日灼病。

害虫10种：椰心叶甲（*Brontispa longissima*）（76%）、黑翅粉虱（*Aleurocanthus spiniferus*）（零星发生）、红脉穗螟（*Tirathaba rufivena*）（严重）、

椰子织蛾（*Opisina arenosella*）（零星发生）、考氏白盾蚧（*Pseudaula caspis cockerelli*）（零星发生）、椰圆蚧（*Aspidiotus destructor*）、堆蜡粉蚧（*Nipaeco ccus vastalor* Maskell）、双钩巢粉虱（*Paraleyrodes pseudonaranjae*）、椰花四星象甲（*Diocalandra frumenti Fabricius*）（零星发生）、蓑蛾（*Psychidae*）。

害螨1种：甘蔗小爪螨（*Oligonychus indicus* Hirst）。

有害动物2种：蜗牛和蛞蝓，零星发生。

槟榔园防治中有以下建议：

——在槟榔园禁用草甘膦类除草剂。采用人工或机械除草，保护槟榔根系健康，结合树下养鸡、牛、羊等进行防控杂草；

——及时防治椰心叶甲、红脉穗螟、介壳虫等害虫。通过对树冠高压喷施高效氟氯氢菊酯类杀虫剂、挂药包或根施内吸性杀虫剂，结合园内投放寄生蜂等天敌昆虫进行防治；

——加强槟榔园的栽培管理。树下施腐熟的有机肥和生物复合菌肥、树上喷药（海岛素）等诱导槟榔抗病性。低洼积水地的槟榔园要在园内开深沟排水，山坡地槟榔园要开环山行，修建保水保肥工程。科学施用化肥，适当增施钾肥；

——及时挖除茎基腐病的病株；

——及时防控槟榔叶斑病。在槟榔细菌性条斑病、炭疽病等叶斑病发生严重的槟榔园，先割除一层重病叶，及时喷施波尔多液、多菌灵等药剂进行防治；

——对确诊为植原体引起的黄化病及病毒病病株，及时挖除并销毁。

（3）根系与槟榔叶片黄化关系。槟榔黄叶病株与根系腐烂程度基本呈正相关关系。调研未发现植物病原线虫（尤其是根结线虫、肾形线虫、短体线虫）直接为害槟榔根系的证据，但在采集点中多地存在根结线虫、肾形线虫、短体线虫的分布，仍不能排除病原线虫为害槟榔根系的可能性。从槟榔土壤线虫生态指数分析表明，多地槟榔园根际土壤环境生态属于较稳定状态。

（4）土壤及营养与槟榔黄叶关系。综合土壤和叶片养分状况以及野外观察，调研主要结论如下。

调查点槟榔叶片的氮、磷、钙、硫、锌、铜、锰、硼和铁营养是丰富的。野外观察也未见症状；叶片钾和镁缺乏，据报道，高产槟榔叶片氮、磷、钾比例约为1：0.081：0.356；此次调查区内的槟榔叶片氮、磷、钾比例约为1：0.80：0.27，其中未使用除草剂的叶片为1：0.083：0.31，使用除草剂的为

1∶0.77∶0.24，可见，叶片磷含量比例过高，而钾含量低。据观察，使用除草剂的槟榔黄化症状比较严重的，显示出黄化叶片疑似缺钾症状；与叶片缺钾相对应的土壤速效钾含量也较低，由此可见，部分槟榔园可能由于土壤含钾量低，槟榔因为缺乏钾营养而出现黄化症状；

叶片观察显示，一些槟榔叶片含镁低，叶片黄化也疑似缺镁症状，土壤的交换性镁含量也较低，因此，部分槟榔园可能由于土壤镁含量低，槟榔因为缺乏镁而出现黄化症状；

但是，某些槟榔园土壤的速效钾和交换性镁含量虽然低，却并未出现黄化症状；观察表明，这些槟榔园管理水平较高，其根系生长良好；而黄化比较严重的槟榔园往往根系生长不良，说明黄化症状可能还与根系受损影响吸收能力有关；

一些槟榔叶片铁含量过高，而铁过量会导致槟榔地上部生长受阻，下部老叶叶缘、叶尖出现褐斑，叶色深暗，根系灰黑，易烂，野外观察槟榔也出现了疑似铁过量的症状。

（5）除草剂与槟榔叶片黄化。槟榔是浅根系植物，多分布于50 cm以上土层，同时挂果槟榔树每年均产生气生根。海南槟榔园喷施除草剂主要为百草枯（现已禁用），属于触杀性，喷施到新生气生根上，根尖会枯死，导致气生根无法入土形成营养吸收根，降低其根系吸收能力；另一种为草甘膦，属于内吸性，会抑制芳香氨基酸的合成，从而导致植物死亡或长势下降，当草甘膦喷施到槟榔根上时，由气生根吸收，传导至树顶生长点及根系生长点，降低树势及根系吸收能力，导致水分与营养不良，引起叶片黄化。

根据杨福孙教授多年研究与生产经验，结合其他人员科学研究结果，认为槟榔黄叶现象主要因子：①生理性黄化，原因主要是槟榔生长期缺水或积水，同时缺水导致缺肥，或根系吸收能力弱，导致水肥供应不足。小苗也会受强光影响导致叶片黄化；②除草剂滥用造成槟榔土壤退化与根系受害，海南省雨季槟榔园杂草生长旺盛，种植户经常除草，而此时为槟榔发根及抽叶期，除草剂导致根系受损及树势下降；③病理性黄化，槟榔叶片上存在细菌性及真菌性病害，导致叶片黄化，其中植原体及长线病毒是项目组成员目前获得认为导致黄化的病害；④虫害，2002年椰心叶甲进入海南，后在槟榔上危害，导致槟榔心叶坏死或抽叶困难，槟榔树势下降，产生叶片缩小，最终束顶，其他虫害也有传播病害的危险。

第二节 营养与槟榔黄化相关性

一、营养不良导致槟榔叶片黄化

槟榔黄化的诱因较多，其中，土壤和植株营养元素的失衡会直接或间接地诱导槟榔叶片黄化的发生。

20世纪60年代，Anonumous等研究发现黄化病园区土壤呈较强酸性，严重缺乏N、P、K，或P、Mg、B、Mn、Fe含量不足，黄化初期叶中缺少N、P、Mg、Zn，土壤中碱解N和有效Mg含量会随着黄化发生强度的增加而趋于减少，黄化槟榔叶片中的N、Mg、Mn含量均低于正常组。Gurumurthy等对印度的Karnataka地区的黄化槟榔进行研究发现，营养元素供应可以有效改善槟榔黄化，施用元素肥可明显减缓和改善黄化症状，如增施高效P肥能延缓黄化发病时间，结合Mg肥能有效减轻病症。

二、黄化槟榔园与健康槟榔园养分比较

笔者对海南槟榔园土壤调查发现，其养分存在差异，见表7-1。

表7-1 槟榔园区土壤养分状况

	正常	轻度黄化	重度黄化
pH值	4.93 ± 0.05	4.90 ± 0.04	4.84 ± 0.06
有机质（g/kg）	22.54 ± 1.06	22.51 ± 1.34	22.64 ± 0.39
全N（mg/kg）	314.71 ± 4.70b	330.37 ± 20.04b	379.37 ± 20.64a
碱解N（mg/kg）	107.42 ± 3.99	97.82 ± 5.96	96.25 ± 6.22
全P（g/kg）	1.13 ± 0.04a	1.10 ± 0.12a	0.85 ± 0.04b
有效P（mg/kg）	77.00 ± 31.89	42.87 ± 8.50	60.16 ± 11.98
全K（g/kg）	13.23 ± 0.46	12.77 ± 0.13	13.24 ± 0.64
速效K（mg/kg）	140.35 ± 6.64a	124.58 ± 11.05b	142.00 ± 4.31a

（续表）

	正常	轻度黄化	重度黄化
交换性Ca含量（g/kg）	1.69 ± 0.13a	1.70 ± 0.13a	1.08 ± 0.06b
交换性Mg含量（mg/kg）	97.18 ± 1.78a	94.79 ± 6.45a	78.45 ± 6.90b
有效Fe含量（mg/kg）	41.77 ± 1.18	42.42 ± 4.10	39.72 ± 4.51
有效Mn含量（mg/kg）	18.90 ± 0.07	17.82 ± 0.81	17.43 ± 1.23
有效Cu含量（mg/kg）	3.83 ± 0.42a	3.78 ± 0.54ab	2.82 ± 0.47b
有效Zn含量（mg/kg）	3.62 ± 0.24	3.31 ± 0.38	3.12 ± 0.10
有效B含量（mg/kg）	0.46 ± 0.05	0.42 ± 0.02	0.44 ± 0.04

槟榔园土壤pH值均呈酸性，且土壤酸性程度随着黄化程度的上升而呈现上升趋势。土壤有机质含量大致为22.50 g/kg，处于中等水平；全N含量处于极缺水平，重度黄化组显著高于正常组和轻度黄化组；全P含量处于极丰富水平，随着黄化程度的加深，土壤中全P含量逐渐减少，重度黄化组显著低于正常组；全K含量处于中等水平，各组间相差幅度不大；碱解N含量处于中等水平，随着黄化程度的加深，土壤中碱解N含量出现下降趋势；有效P含量处于极丰富水平，黄化组土壤中有效P含量低于正常组，以轻度黄化组最低；速效K含量处于中等水平，轻度黄化组含量最低，且与正常组达到显著水平；交换Ca含量极丰富，重度黄化组含量明显低于正常组，达到显著水平；交换Mg含量处于中等水平，重度黄化组显著低于正常组；有效Fe、Cu、Zn含量均处于极丰富水平，重度黄化组均低于正常组；有效Mn含量处于丰富水平，重度黄化组含量显著低于正常组；有效B含量处于缺乏水平。

三、黄化植株与健康植株养分比较

1. 不同健康状态槟榔大、中量元素总量分布状况

不同健康状态槟榔内N总量呈现出显著差异主要集中在槟榔的叶、心叶、花苞、果和果枝中，正常槟榔叶片N总量明显高于黄化组，较轻度黄化组高40.78%，达到显著水平，较重度黄化组高111.03%，达到极显著水平，心叶、花苞、果枝、果内N总量均明显高于黄化组。

不同健康状态槟榔内P总量差异主要集中在槟榔的茎、叶、叶脉、心叶、花苞、果和果枝中，正常组叶内、叶脉、心叶等P总量均高于黄化组差异达到极显著水平。

不同健康状态槟榔内K总量呈现出显著差异主要集中在槟榔的叶、叶脉、心叶、花苞、果和果枝中（图7-1），正常组槟榔叶内K总量明显高于黄化组，较轻度黄化组高65.75%，达到显著水平，尤其是花苞和果枝及果内K极显著高于黄化组。

不同健康状态槟榔内Ca总量显著差异主要集中在槟榔的叶、叶脉、花苞、果和果枝中，正常组槟榔叶内Ca总量较重度黄化组高151.81%，达到极显著水平；以花苞、果枝、果内差异极为显著，如果内较重度黄化组高571.43%。

不同健康状态槟榔内Mg元素总量显著差异主要集中在槟榔的茎、叶、叶脉、心叶、花苞、果和果枝中，正常组叶内Mg总量较重度黄化组高91.18%，达到显著水平；以心叶、花苞、果和果枝中差异极显著，如果内较重度黄化组高479.38%（图7-2）。

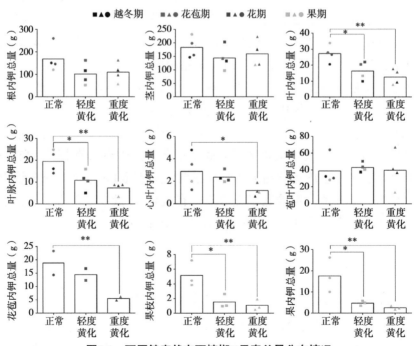

图7-1　不同健康状态下槟榔K元素总量分布情况

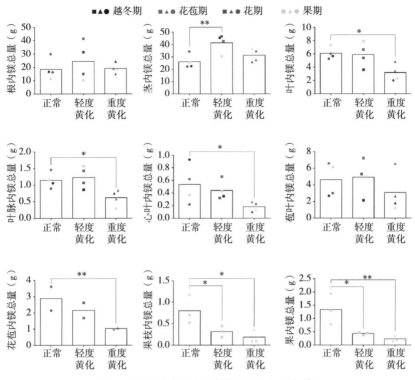

图7-2 不同健康状态下槟榔Mg总量分布情况

2. 不同健康状态槟榔微量元素总量分布状况

Fe总量呈现出显著差异主要集中在槟榔的叶、叶脉、心叶、花苞、果和果枝中，正常组槟榔叶内Fe总量较轻度黄化组高98.91%，较重度黄化组高143.81%，均达到极显著水平；也是以心叶、花苞、果和果枝差异极显著，如果内较重度黄化组高1 020.77%（图7-3）。

Mn总量显著差异主要集中在槟榔的叶、叶脉、心叶、花苞、果和果枝中，且这些器官中健康植株与黄化植株差异特别大，基本都是黄化植株的几倍，甚至是十几倍。

Zn总量显著差异主要集中在槟榔的叶、叶脉、心叶、花苞、果和果枝中，健康植株与黄化植株间存在差异，但仅是差异1～2倍，没有其他元素明显。

B总量显著差异主要集中在槟榔的花苞、果和果枝中，在叶片中差异不明显，但在果内B差异极为明显，较重度黄化组高559.33%，达到极显著水平。

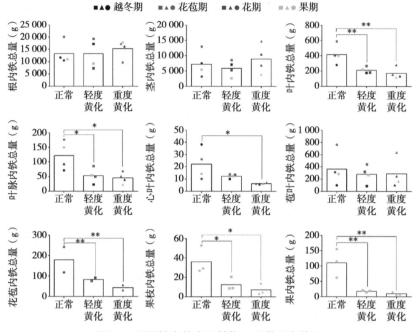

图7-3　不同健康状态下槟榔Fe总量分布情况

3. 不同健康状态槟榔营养元素总量差异

不同健康状态下槟榔植株体内大、中量元素总量差异分析发现（图7-4）：对比一整年各个时期总量的平均值，各组间均未达到显著差异。正常组槟榔含N总量较黄化组高，尤其以花苞期更为明显，正常组较轻度黄化组高73.71%，较重度黄化组高48.80%；正常组槟榔含P总量较重度黄化组高16.03%；正常组槟榔含K总量较轻度黄化组高39.32%，较重度黄化组高36.86%；黄化组槟榔体内Ca、Mg总量较为富足，且高于正常组。黄化组槟榔中N、K总量明显低于正常组，对P、Ca、Mg总量可能与槟榔各器官养分分布不均有关。

槟榔植株体内微量元素总量对比一整年各个时期总量的平均值，各组间均未达到显著差异。正常组槟榔含Mn总量较黄化组高，除越冬期外，其余三个时期均明显高于黄化组，正常组槟榔含Mn总量较轻度黄化组高60.93%，较重度黄化组高54.70%；正常组槟榔含Zn总量较轻度黄化组高14.36%，正常组4个时期变化幅度不大，花期黄化组体内Zn含量明显低于正常组；正常组槟榔含Cu总量较轻度黄化组高30.37%，较重度黄化组高18.97%，花苞期正常组Cu总量明显高于黄化组；黄化组槟榔体内Fe、B总量较为富足，且重度黄化组高于正常组，花苞期槟榔体内Fe总量明显上升，果期重度黄化组体内B总量明显高于正常组（图7-5）。

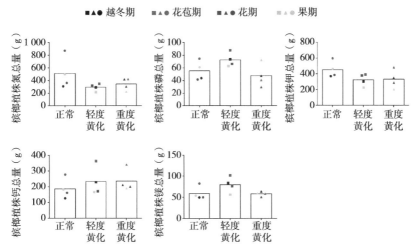

图7-4 不同健康状态下槟榔大、中量元素总量分布情况

对比不同时期正常槟榔与黄化槟榔（轻度与重度黄化平均值）体内大、中量元素总量，结果所示，越冬期正常组槟榔植株体内K总量较黄化组槟榔高，其余营养元素总量均小于黄化组，花苞期正常组槟榔植株体内各营养元素总量均明显高于黄化组（Ca元素除外），花期、果期正常组槟榔植株体内N、K总量均明显高于黄化组槟榔，纵观各个时期数据，可以发现槟榔对于大、中量元素的需求多集中在花苞期，此时槟榔体内各养分的总量显著高于其余各个时期。综合一整年数据，正常组槟榔与黄化组之间大、中量营养元素差异主要是N、K、Ca总量的差异，正常组槟榔体内N、K总量分别较黄化组高60.29%、38.08%，Ca、Mg、P总量分别较黄化组低25.25%、16.54%、8.76%。

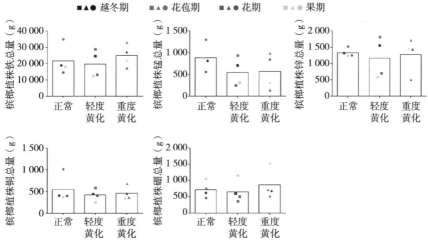

图7-5 不同健康状态下槟榔微量元素总量分布情况

正常槟榔与黄化槟榔（轻度与重度黄化平均值）体内微量元素总量，结果表明，越冬期正常组槟榔植株体内Mn总量较黄化组槟榔高，其余营养元素总量均小于黄化组，花苞期正常组槟榔植株体内各营养元素总量均明显高于黄化组（Zn除外），花期、果期正常组槟榔植株体内Mn、Zn、Cu总量均明显高于黄化组槟榔，纵观各个时期数据，可以发现槟榔对于微量元素的需求多集中在花苞期，此时槟榔体内各养分的总量显著高于其余各个时期。综合一整年数据，正常组槟榔与黄化组之间微量营养元素差异主要是Mn、Zn、Cu总量的差异，正常组槟榔体内Mn、Zn、Cu总量分别较黄化组高57.75%、8.95%、24.41%，Fe、B总量分别较黄化组低3.07%、5.29%（表7-2）。

表7-2　不同时期不同健康状态槟榔体内营养元素总量分布情况

时期	状态	N（g）	P（g）	K（g）	Ca（g）	Mg（g）
越冬期	正常	308.11 ± 29.30cd	43.76 ± 1.66b	370.70 ± 12.34bc	126.68 ± 4.62d	49.43 ± 1.13d
	黄化	355.74 ± 112.02c	60.48 ± 22.51ab	326.56 ± 85.64cd	219.51 ± 60.21bc	73.74 ± 22.57abc
	正常-黄化	−47.63	−16.72	44.14	−92.83	−24.31
花苞期	正常	876.03 ± 59.34a	74.82 ± 5.87a	598.97 ± 27.85a	277.29 ± 13.09b	82.76 ± 2.78a
	黄化	387.06 ± 91.67c	64.58 ± 12.48ab	439.16 ± 108.98bc	352.30 ± 83.63a	80.32 ± 2.44ab
	正常-黄化	488.97	10.24	159.81	−75.01	2.44
花期	正常	362.55 ± 10.33c	41.76 ± 1.08b	386.87 ± 7.59bc	161.96 ± 4.53cd	50.07 ± 2.61d
	黄化	313.62 ± 40.40cd	48.07 ± 6.29ab	335.86 ± 77.06c	186.83 ± 49.31cd	63.41 ± 11.89bcd
	正常-黄化	48.93	−6.31	51.01	−24.87	−13.34
果期	正常	499.10 ± 33.76d	61.16 ± 17.78ab	463.02 ± 72.25b	181.84 ± 26.21cd	53.98 ± 7.60d
	黄化	219.85 ± 19.09d	67.74 ± 24.26ab	216.16 ± 49.30d	177.91 ± 27.59cd	57.84 ± 9.84cd
	正常-黄化	279.25	−6.58	246.86	3.93	−3.86
全年平均值	正常	511.45 ± 255.99	55.37 ± 15.61	454.89 ± 104.15	186.94 ± 64.41	59.06 ± 15.93
	黄化	319.07 ± 72.67	60.22 ± 8.63	329.44 ± 91.14	234.14 ± 80.78	68.83 ± 10.10
	正常-黄化	192.38	−4.85	125.45	−47.20	−9.77

（续表）

时期	状态	Fe（g）	Mn（mg）	Zn（mg）	Cu（mg）	B（mg）
越冬期	正常	18.95 ± 0.56cd	811.32 ± 11.05b	1 317.38 ± 81.30ab	403.52 ± 25.52c	618.49 ± 11.08c
	黄化	25.78 ± 4.78bc	780.81 ± 177.63b	1 495.77 ± 202.77ab	443.35 ± 99.33bc	636.69 ± 184.95c
	正常-黄化	−6.83	30.51	−178.39	−39.83	−18.20
花苞期	正常	34.88 ± 1.60a	1 297.08 ± 101.66a	1 522.86 ± 211ab	1 008.70 ± 141.44a	747.23 ± 23.37bc
	黄化	30.82 ± 11.78ab	962.54 ± 144.93b	1 764.31 ± 541.16a	630.8 ± 245.25b	535.72 ± 407.00c
	正常-黄化	4.06	334.54	−241.45	377.90	211.51
花期	正常	14.59 ± 0.81d	559.46 ± 59.35c	1 250.63 ± 43.49b	397.00 ± 21.27c	461.28 ± 10.65c
	黄化	15.27 ± 1.93d	190.21 ± 57.96d	604.81 ± 188.61c	381.43 ± 80.22c	511.15 ± 129.09c
	正常-黄化	−0.68	369.25	645.82	15.57	−49.87
果期	正常	18.02 ± 2.32cd	871.82 ± 145.17b	1 235.60 ± 226.80b	369.39 ± 42.97c	1 044.34 ± 102.27ab
	黄化	17.22 ± 2.21cd	310.30 ± 41.14d	1 024.16 ± 326.71bc	295.56 ± 12.45c	1 339.64 ± 118.60a
	正常-黄化	0.80	561.52	211.44	73.83	−295.30
全年平均值	正常	21.61 ± 9.04	884.92 ± 306.26	1 331.61 ± 132.35	544.65 ± 309.72	717.84 ± 247.09
	黄化	22.27 ± 7.30	560.97 ± 369.63	1 222.26 ± 512.87	437.79 ± 142.23	755.8 ± 393.00
	正常-黄化	−0.66	323.95	109.35	106.86	−37.96

　　研究表明：槟榔植株能调节各营养元素总量在器官的分布多少来适应外界环境，不同健康状态下槟榔各器官内营养元素总量出现较大差异主要集中在功能性器官和生殖器官内，如叶、叶脉、心叶、花苞、果和果枝，正常槟榔茎中P、Mg总量显著低于轻度黄化，正常槟榔叶片内N、P、K、Ca、Mg、Fe、Mn、Zn、Cu总量显著高于黄化组；正常组叶脉中P、K、Ca、Mg、Fe、Mn、Zn、Cu总量显著高于黄化组；正常槟榔心叶中N、P、K、Mg、Fe、Mn、Zn总量显著高于黄化组；正常槟榔花苞、果和果枝中各营养元素总量均显著高于黄化组。槟榔叶、叶脉中以Mn、Zn、Fe、K、Ca总量相差程度最大，心叶中以Mn、Fe、P、Ca、N总量相差程度最大，花苞中以Mn、B、Fe、Ca、Zn总

量相差程度最大，果中以Mn、Fe、Zn、K、N总量相差程度最大，果枝中以Mn、N、K、Fe、Zn总量相差程度最大。

不同健康状态下槟榔体内各营养元素年均总量均未达到显著差异。正常组槟榔N、K、Mn、Zn、Cu总量均较黄化组高，且相差程度以N、Mn、K、Cu较为严重。而在不同生育期间，不同健康状态下槟榔体内各营养元素总量存在显著差异，以花苞期正常组槟榔体内各营养元素含量显著高于其他组，说明槟榔对各营养元素的需求主要集中在花苞期，此时施肥对槟榔最有利，综合各营养元素年均总量，对于琼中县、万宁市、定安县、儋州市等4个地区黄化组槟榔，为缩小与正常组之间的差异，应适当地补充施肥量。

第三节　水与槟榔黄化关系

水分亏缺已经成为限制植物生长分布及产量的重要因素，干旱环境下，如何提高植物本身对水分的利用效率，减少灌溉次数，已经成为全球的关注焦点。当受到干旱胁迫时，植物本身的形态特征、生长发育状况、光合代谢过程、生理功能等都将发生变化，植物将不同的响应机制综合调整，就构成了植物的抗旱性，表现出适应干旱的外观形态结构以及生理调节功能。

许多实验研究发现，叶绿素含量随水分胁迫时间的延长和程度的加深大幅度降低，其中叶绿素a下降速度较叶绿素b快。干旱胁迫条件下，叶绿素含量大幅下降，导致叶片失绿，叶片黄化加剧。

植物在长期干旱胁迫条件下，细胞不能维持正常的紧张，引起叶片和幼茎下垂的症状，称之为萎蔫。萎蔫分为暂时性萎蔫和永久性萎蔫2种，暂时性萎蔫会在夜间蒸腾速率减小得到一定程度的缓解或消失；永久性萎蔫是因为土壤中没有足够可吸收的水分，导致植物整体缺水，根毛死亡，不能得到恢复。植物受到胁迫时，根系对水分变化最为敏感，首先发生改变，通常以增加根系的长度、提升根系密度、扩大根系伸展空间及增加根冠比的方式将更多的生物量分配给根系，其次为茎、叶，以此抵御干旱伤害。水分亏缺对植物生长影响主要表现在抑制植物株高增长，叶片面积减小且数量下降等方面。

生产上由于水分缺乏，从而导致了植株叶片叶绿素降解及总含量下降，保留的叶片类胡萝卜素颜色即为黄色。同时水分缺乏导致光合能力下降，叶面积缩小，根系受损，养分吸收量及吸收能力下降，造成营养不良，加剧了黄化现象的产生。

　　槟榔为棕榈科植物，具有较强的抗旱能力，但并不说明槟榔不需要水分。课题组研究发现，槟榔在花苞形成期为水分临界期，此期持续时间较长，一般达3~5个月，而水分最大效益期多处于5—9月，处于槟榔果实初始膨大到快速膨大期；海南省槟榔花苞形成期始于11月，而最后一个花苞多始于2—4月。第1梭果实初始膨大期在3月左右。海南省通常分为雨季与旱季，雨季多在5月中下旬—11月中下旬，旱季多在12月上中旬—翌年4月下旬。

　　每年12月至翌年5月份槟榔叶片黄化严重，第一，由于槟榔水分临界期正好处于此期；第二，由于槟榔开花，基部叶片会老化脱落，叶片会自然衰老黄化；第三，此期海南温度相对较低，导致部分叶片受低温伤害产生黄化；第四，槟榔此期部分病虫害发生严重，导致了叶片黄化。

　　海南部分低洼地和水田种植的槟榔园，由于雨季排水不良使根部受损或腐烂，槟榔植物水分吸收困难导致叶片黄化。此种情况仅需及时排除积水。坡地槟榔一般不出现积水导致黄叶现象。

第四节　水肥一体化防止槟榔叶片黄化技术

一、生产目标的水肥一体化技术

　　生产上根据作物生产目标，主要采用充分灌溉配合施肥技术和节水灌溉技术。对于水分充足，人力资源或设备较好的地块，可根据槟榔生产实际采用，充分灌溉配合施肥技术，即按槟榔的需水及需肥规律安排灌溉及施肥，使槟榔各生育时期的水分与养分需要得到最大限度的满足，从而保证槟榔良好的生长发育，并取得最大产量。目前，此种灌溉与施肥技术受槟榔种植条件的制约，在海南槟榔上应用比较少，主要受水分的影响。仅适用于水资源丰富并有足够输配水能力的地区。

　　节水灌溉配合施肥技术：即充分有效利用自然降水和灌溉水，最大限度地减少槟榔耗水过程中损失，优化灌溉次数和浇水定额。把有限的水资源用到槟榔最需要的时期从而最大限度地提高单位耗水量的产量和产值的灌溉与施肥技术。海南槟榔目前坡地种植明显高于平地，灌溉设施及水资源严重不足，节水灌溉与施肥技术实用强，如何采用节水灌溉与施肥技术还需要根据地形、水源、资金等进行设计。该技术首先需要明确槟榔水分与养分需求规律，获得其水分及养分临界期，最大效益期及水分、养分利用率等指标。

不论哪种水肥一体化技术在海南以11月至翌年5月进行，充分灌溉在土壤含水量低于相对含水量70%以下时即进行灌溉，每10～15天配合施肥1次，雨季灌溉减少，但水肥施用不减少，仍需每10～15天1次，整个过程需要对施肥配方进行不断调整，以降低因养分与水分不足引起的槟榔叶片黄化现象。

二、不同生产条件下的水肥一体化技术

由于养分多跟随水分吸收，因此生产上水肥一体化主要根据水分灌溉方式而定。槟榔园根据灌溉水向田间输送与湿润土壤的方式不同。多采用地面灌溉、喷灌、微灌等方式。

1. 水肥地面灌溉

针对海南部分平地，尤其是水田种植的槟榔，可能采用每两排槟榔中间挖小沟进行水肥一体地面灌溉，采用轮换小沟灌溉方式，既有利于根系生长，又可防止水分过多产生积水伤害。地面灌溉可根据土壤墒情而定，一般土壤相对含水量不低于65%即可，但最好低于90%，此方法对于水源充足的园地可采用。

2. 水肥喷灌

在槟榔园中建造蓄水池和施肥池，可采用文丘里装置或直接用混合，在槟榔行间布置水管，根据喷洒范围设置喷头，进行水肥一体化喷施。此方法需要注意水源清洁，防止堵塞，另外也受风影响，风大水喷洒范围不均匀，如3～4级风即要停止喷灌。旱季每4～5天灌溉1次，7～10天施肥1次。

3. 水肥滴灌

为充分利用水分，可在槟榔园中布置滴灌设施，可采用1个树头1个滴头也可以采用2个滴头。此种技术更需要水源清洁，同时对施用的肥料要求较高，最好用水溶性肥。这种方式不受风的影响，但滴管会影响槟榔园人工割草等操作。旱季每4～5天灌溉1次，7～10天施肥1次。

第五节 水肥一体化防治槟榔黄化的效果分析

课题组根据海南省2018年立项重大项目"槟榔黄化灾害防控及生态高效栽培关键技术研究与示范"（编号：ZDKJ201817）要求，在海南省定安县富文镇金鸡岭农场内进行100亩槟榔水肥一体化技术示范与应用推广，自2018年10

月开始，课题组进行设施建设，制定方案，采用滴灌设施进行水分调控与养分管理。通过采用90%、70%、50%、30%土壤含水量灌溉及不灌溉5种方式，对其叶片及产量进行对比。结果表明70%土壤含水量灌溉可以明显减少叶片黄化产生并提高槟榔产量（见现场测产意见书）。

槟榔水肥一体化关键技术研发示范基地
现场测评意见书

2020年9月14日，海南省科学技术厅组织专家对2018年海南省槟榔病虫害重大科技计划项目"槟榔黄化灾害防控及生态高效栽培关键技术研究与示范"（编号：ZDKJ 201817）中课题三子课题"槟榔水肥一体化关键技术研发"（编号：ZDKJ 201817-3-2）建设的槟榔水肥一体化范基地进行现场调查测产和评价。专家组听取项目实施情况的汇报和示范基地负责人的介绍，对示范基地进行现场调查和测产，经讨论形成如下意见。

一、基本情况

槟榔水肥一体化与微肥调控示范基地位于海南省定安县富文镇坡寨村金鸡岭农场，示范基地面积为100亩；定植时间为1998年；示范地槟榔目前未发现有病理性黄化病，生理性黄化程度在5%～10%。

示范技术内容：槟榔水肥一体化调控技术。

目前槟榔园管理正常，槟榔长势良好。

二、测定方法

从空白对照区和处理区5个小区中随机选择3株采收，用于产量测定；对符合收购标准的果串现场采摘，清点果实数量，并随机取50个果称重，计算平均单果重；对还未达到采摘标准的槟榔果串采下，进行槟榔果实数量的清点，整株的不同大小果实数量按80%折算成标准商品果实数量。

$$单株产量（斤^{①}）= \frac{每株果数（果/株）\times 80\% \times 每果单重（g/果）}{500g} \times 100\%$$

---

① 1斤=0.5 kg，全书同。

$$平均亩产=平均株产×亩株数$$

$$增产率（\%）=\frac{（处理区平均亩产-空白对照区平均亩产）}{空白对照区平均亩产}×100\%$$

三、测产结果

（1）种植规格，槟榔株行距2.4 m×3.0 m，每亩种植91.6株；取样的平均单果重24.48g。

（2）空白对照区平均每株挂果3.0串，263粒/株，平均单株产量10.29斤/株，折合亩产为942.82斤/亩。

（3）灌水上限为田间持水量的90%灌溉处理区1，每株挂果3.7串，306粒/株，平均单株产量11.93斤/株，折合亩产为1 092.93斤/亩。

（4）灌水上限为田间持水量的70%灌溉处理区2，每株挂果4.4串，313粒/株，平均单株产量12.31斤/株，折合亩产为1 127.57斤/亩。

（5）灌水上限为田间持水量的50%灌溉处理区3，每株挂果3.7串，303粒/株，平均单株产量11.90斤/株，折合亩产为1 089.76斤/亩。

（6）灌水上限为田间持水量的30%灌溉处理区4，每株挂果3.7串，299粒/株，平均单株产量11.69斤/株，折合亩产为1 070.56斤/亩。

（7）试验处理区1与空白对照区相比较，增产150.11斤/亩，产量提升15.9%。

（8）试验处理区2与空白对照区相比较，增产184.75斤/亩，产量提升19.6%。

（9）试验处理区3与空白对照区相比较，增产146.94斤/亩，产量提升15.7%。

（10）试验处理区4与空白对照区相比较，增产127.74斤/亩，产量提升13.5%。

专家组组长（签名）：

专家组组员（签名）：

2020年9月14日

附件　省重大项目示范基地测产方案及调查数据

一、测产方法

（1）分试验处理区和对照区。

（2）使用工具有割刀、电子称、计数器、皮尺。

（3）用皮尺测量槟榔株行距，计算单位面积的株数。

（4）在各处理区和对照区随机选取3株割下全部挂果果串。

（5）清点槟榔果串数量。

（6）清点每串果实数量。

（7）取50粒已成商品果的果实进行称重。

（8）整株果数×80%×商品平均单果重量折算单株产量。

（9）根据单株产量和种植密度计算单位面积产量。

二、田间现场调查的基本数据

不同水分处理	单株果数（个/株）	单果重（g）	单株产量（斤/株）	株行距	株（亩）
对照	263	24.46	10.29	3 m×2.4 m	91.6
30%区1	306	24.37	11.93	3 m×2.4 m	91.6
50%区2	313	24.58	12.31	3 m×2.4 m	91.6
70%区3	303	24.54	11.90	3 m×2.4 m	91.6
90%区4	299	24.43	11.69	3 m×2.4 m	91.6

三、产量计算

单株产量计算公式：

$$产量 = \frac{单株果数 \times 取样系数 \times 单果重}{500} \quad （折算为斤/株）$$

亩产量计算公式：

$$产量 = 单株产量 \times 每亩株数$$

处理	单株果数（个/株）	取样系数	单果重（g/个）	单株产量（斤/株）	每亩株数（株/亩）	亩产量（斤/亩）
试验区1	306	0.8	24.37	11.93	91.6	1 092.93
试验区2	313	0.8	24.58	12.31	91.6	1 127.57
试验区3	303	0.8	24.54	11.90	91.6	1 089.76
试验区4	299	0.8	24.43	11.69	91.6	1 070.56
对照区	263	0.8	24.46	10.29	91.6	942.82

$$产量提高率 = \frac{试验区1亩产量 - 对照区亩产量}{对照区亩产量} \times 100\%$$

$$= \frac{1\ 092.93 - 942.82}{942.82} \times 100\% = 15.9\%$$

$$产量提高率 = \frac{试验区2亩产量 - 对照区亩产量}{对照区亩产量} \times 100\%$$

$$= \frac{1\ 127.57 - 942.82}{942.82} \times 100\% = 19.6\%$$

$$产量提高率 = \frac{试验区3亩产量 - 对照区亩产量}{对照区亩产量} \times 100\%$$

$$= \frac{1\ 089.76 - 942.82}{942.82} \times 100\% = 15.7\%$$

$$产量提高率 = \frac{试验区4亩产量 - 对照区亩产量}{对照区亩产量} \times 100\%$$

$$= \frac{1\ 070.56 - 942.82}{942.82} \times 100\% = 13.5\%$$

专家组组长（签名）：

专家组组员（签名）：

2020年9月14日

第一节　植物开花特性

植物的花是其重要的生殖器官，原始被子植物的花是单性的，花演化的下一阶段是雄蕊数目的增多，每个雄蕊则代表一朵退化的腋生的花，这些雄蕊中的一部分后来转变成花瓣。被子植物典型的四室花药是由2个2室的雄蕊融合形成，雌花的子房由2枚苞片融合形成，被子植物的两性花是由雄花序的顶部出现雌花而起源的。如青钱柳的雌、雄花出现时间受花前3个月的积温影响，积温高，则开花早，雄花始终比雌花早开5~7天，但雌花和雄花的盛花期相差不是很大。与青钱柳一样，锥栗雄花先于雌花出现，雄花序出现18~26天后雌花开始出现，雄花先于雌花1~5天开放，且不同品种雌雄花数量差异明显，其雌花与雄花数量比为1∶（518~653）。被子植物开花集中于白天和花期前中期，如桃树在盛花期，气温较高时，80%的花在白天开放，上午每小时的开花量比下午多。花期持续6天，前4天的开花量占总花量的89.77%。在开花顺序方面则以树冠上部花和外部花先开，中部次之，下部及内膛最后。

第二节　植物开花调控机理

一、植物开花的基因调控

植物生理学和遗传学的研究已表明花的形成是高度复杂的生物学过程，受到许多因子的调控，通过研究成花分子机理，可以了解花发育过程中的基因表达模式和功能。植物开花是由多种化学调控通路和基因调控通路组成的信号网络调控的。以拟南芥为代表的长日植物研究显示，CO（Constans）编码的成花因子在长日照（Long-day，LD）条件下通过激活FT（Flowering Locus T）和SOC1（Supstessor of Constans 1）基因表达诱导植物开花。FT编码的FT（蛋白）可激活分生组织识别基因和SOC1基因的表达，完成花的发育。SOC1可以被CO激活的同时也可以被成花转变抑制子FLC（Flowering Locus C）抑制。植物始花期则由环境因素与植物激素表达共同影响。不同植物激素可对环境因素变化做出响应，通过不同的化学作用与基因调控通路调节始花期。CO基因是一种开花促进因子，可以接收长日照和短日照信号，并且在mRNA和蛋白水平上被调控。CDF1是CO基因负调控因子，而GI和FKF1可以消除CDF1对CO转录产物的抑制。在成花过程中，控制CO表达的是4个转录活性调节因子（FBH）。而控制CO的成花机制在不同物种间是相对稳定的，从杨树和水稻中获得的FBH同源基因同样可以诱导拟南芥的CO表达。长日照诱导叶片维管组织中CO蛋白的表达，进而调控FT以及其同源蛋白TSF的表达。FT蛋白通过维管组织运输到茎尖分生组织部位，在那里促进花芽分化，在拟南芥中鉴定的GI-CO-FT调控成花途径同样在水稻中也被鉴定到，这条途径在植物界广泛的存在。

二、植物开花的激素调控

植物激素在花的发育中发挥着重要作用，施用外源植物激素可影响和调控花部器官的形成与发育。植物激素是植物体内对植物开花等生理活动有显著调控作用的有机物，可对环境刺激做出响应并直接参与调控植物始花期，导致始花期的提前或延后。对植物激素在植物中表达与变化的精确测定有助于了解植物始花期对气候变化响应的内在机理。到目前为止，已经被确定的植物激素主要包括9大类：生长素（IAA）、细胞分裂素（CK）、赤霉素（GA）、脱落酸（ABA）、乙烯（ETH）、油菜甾醇内酯（BR）、茉莉酸（JA）、水杨酸（SA）、独角金内酯（SL）。

激素使用问题一直是争论的焦点。棕榈科植物雌花先开，在雌花凋落时雄花才开，严重制约了同梭雄花对雌花的授粉，仅能依赖周边树上的雄花，靠传粉昆虫传粉。使其授粉率下降，产量降低。因此，如何延长雄花期提早雌花开放是提升棕榈科植物产量的有效途径。目前大多都是通过植物激素来进行调节。植物激素对植物始花期的调控功能取决于植物激素在植物体内的分布和含量，因此准确测定植物不同组织器官中植物激素及相关代谢产物的含量和变化是研究植物激素调控植物始花期的关键。

第三节 槟榔开花结果特性

海南省槟榔种植以农户自发种植为主，基本采取懒养方式，主要集中在种和收的管理上，而忽视槟榔营养生长时期的管理。槟榔虽然雌雄花同株同序，但是雌雄花的花期不同，造成异花授粉，雌花授粉不良，落花落果严重，果实产量及品质差异大。同时槟榔植株生理性黄化现象会缩短植株产果年限，更为严重的是出现绝收、植株大量死亡。槟榔花单性，雌雄异株，从叶束延伸而下的茎上抽出肉穗花序，雄花贴生于花序上部，且小，数量多。而雌花着生于花序基部，且大，数量少。槟榔全年开花，主要集中在3月至5月下旬。自花苞打开后，雄花陆续开放，开放周期为18~23天，而雌花在雄花开放完8~10天后，柱头裂开。

目前对提高槟榔产量的技术多停留在对其外部环境的改善，调节水肥等方面，其效果多不明显。为了提高槟榔的产量和品质，首先要掌握槟榔开花结果特性，明确雌雄花开花变化时期及形成特点；同时通过外源激素来调节槟榔花果内源激素的变化，延长槟榔雌雄花相遇期，提高坐果率，并改善外观及内在品质。

第四节 槟榔开花与养分和水分之间的关系

前人对槟榔的养分吸收情况做了大量研究。对于海南槟榔园土壤进行研究，发现海南槟榔种植土壤pH值为4.3~7.8，土壤有机质含量偏低，全氮非常贫乏，碱解氮较丰富，有效磷含量偏低，有效钾中等水平，Na和Cl含量丰富。通过比较得出槟榔园土壤氮磷钾等含量高的产量显著高于氮磷钾含量低的槟榔园。可见海南槟榔产值与土壤肥力有很大相关性，而且海南岛各个地区的槟榔树营养状况没有明显的地域性差异，营养诊断指标在海南不同地区是通用的，结果可以表示海南所有地区状况。对槟榔植株进行研究，早期发现海南槟榔叶片常量元素的比值中N/K，K/Ca和K/Mg的平衡非常关键，植株中K/Ca和K/Mg值都不正常时就会出现黄化现象；当植株K含量低，Ca、Mg含量就会高于正常水平，当缺Ca时，K就会高于正常水平，可见元素含量平衡非常重要。随后对海南槟榔园土壤与槟榔果中K、Ca、Mg、P含量进行测定，发现果实中这4种元素含量与土壤中含量分布规律相似，且K主要富集在根须部位，Ca、

Mg、P主要富集在槟榔的叶片中，所以生产中施用足量的钾肥对槟榔果产量有显著提高。针对海南槟榔挂果期植株的叶片养分研究得到N含量最大，说明花果期槟榔植株施用足够的氮肥可以促进其叶片的生长，对植株营养生长有显著效果。作物生长的大部分营养都由植物根系吸收，只有少部分养分是通过其他器官吸收，对槟榔根系进行剖析得到槟榔根系集中在0~40 cm，扩展性不高，水平分布在30~100 cm，根形如团网状，为典型的浅根性树种；槟榔根部氮含量平均为0.053 2%，其中20~30 cm处根氮含量最高，故在土壤施用肥料时浅层施肥效果最佳。通过对槟榔养分研究发现海南的槟榔绝大多数处在对养分的需求得不到足够供应，得不到中微量元素肥供给，更没有大中微量元素肥的合理配施。

第五节　水肥一体化提高槟榔坐果与产量

一、氮磷钾配施对槟榔结果性状的影响

课题组通过采用以下方式试验发现（表8-1）：对槟榔单梭分枝和雌花的影响情况是槟榔雌花着生在有分枝的花梭之上，分枝数量对可以产生雌花数量有较大影响。施肥对刚进入盛产期的槟榔单梭分枝有显著的提高，施用高氮肥、高钾肥、平衡肥的花梭分枝数比对照分别提高25%、45%、56%，差异显著，平衡肥效果最佳（图8-1）。同时对槟榔雌花数量增幅大，高氮肥的施用对不同植株间的差异较大，平衡肥的施用效果差异最小。对雌花数量增加效果也是以平衡肥最明显，高氮肥其次，高钾肥最低（图8-2）。

表8-1　试验地氮磷钾不同配方施肥处理及用量　　　　　（单位：g/株）

处理	NPK配比	N：P_2O_5：KCl用量（g）	树龄（年）	施肥时期	施肥方式
平衡肥	1：1：1	107.76；312.50；83.3	8~9	佛焰苞	半月沟施肥
高氮肥	2：1：1	215.52；312.50；83.3	8~9	佛焰苞	半月沟施肥
高钾肥	1：1：2	107.76；321.50；166.60	8~9	佛焰苞	半月沟施肥
CK	0：0：0	0	8~9	佛焰苞	半月沟施肥

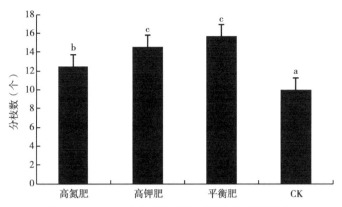

图8-1 不同配比氮磷钾施肥对单梭分枝数影响

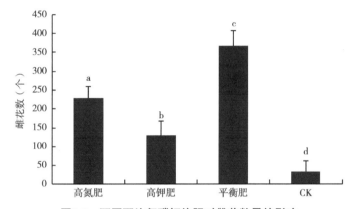

图8-2 不同配比氮磷钾施肥对雌花数量的影响

同时施用高钾肥和平衡肥都能提高坐果率（图8-3），分别达到61.75%和74.98%，比对照的坐果率分别高出8.03%和21.26%，平衡肥的增花效果显著。施用高氮肥，对这一时期的槟榔树增花效果不利，但对槟榔树叶片抽生有利。

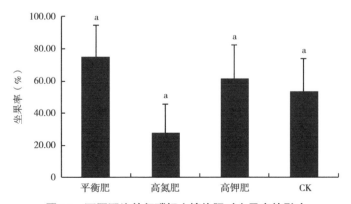

图8-3 不同配比的氮磷钾土壤施肥对坐果率的影响

果形是作物品质的一个重要指标，对其经济价值有重要作用，槟榔果也不例外。槟榔果由于加工等原因使其圆形果在市场的经济价值较低，椭圆形果经济价值较高。果型值越大说明果形越圆，反之则呈椭圆且较长形。在第75天之前，不同配比氮磷钾施肥处理的果型值都大于对照处理，说明其果形较圆；但是在第60天后平衡肥处理和高氮肥处理的槟榔果型比出现降低趋势，达到第90天时果型比值达到0.621和0.544，已经低于对照处理，说明这2种处理可以使槟榔果呈椭圆且偏长，提高经济价值。其中高氮肥处理的效果最佳（图8-4）。

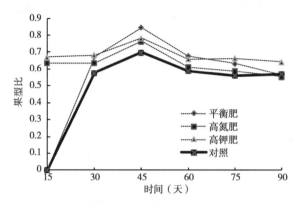

图8-4 不同配比的氮磷钾土壤施肥对果型比生长变化的影响

试验发现不同配比的氮磷钾土壤施肥对盛产期的槟榔树的果实产量有大影响（表8-2）。平衡肥和高钾肥都能提高槟榔单梭果数量与单株果数量，其中施用平衡肥对果数量增加幅度很大，其次是施用高钾肥；但是施用高氮肥对槟榔果数量有负作用。从单果的重量分析，施用高氮肥可以使单果重量比对照增加91.63%，其次是施用高钾肥的使单果重量增加23.32%，施用平衡肥使单果重量增加最小为5.58%，所以不同配比氮磷钾肥对槟榔单果重量都有增加。通过对单梭果重量和单株果重量的分析，得到施用不同配比氮磷钾肥对槟榔单梭重和单株重都有所提高，其中平衡肥效果最好，其次是高钾肥，最后是高氮肥。

表8-2 氮磷钾配施肥对槟榔产量的影响（比对照增加百分比） 单位：%

处理	单梭果数	单株果数	单果重	单梭果鲜重	单株果鲜重
平衡肥	105.32	142.77	5.58	198.23	245.86
高氮肥配比	−23.94	−10.06	91.63	13.5	31.63
高钾肥配比	36.64	61.56	23.32	60.55	86.19
不施肥（对照）	0	0	0	0	0

二、喷施中微量元素肥对槟榔坐果与产量影响

1. 中微量元素肥对槟榔坐果率的影响

采用7种中微量元素，CK2对照组中全营养元素包含植物所需的所有元素。供试肥料：钙肥（$CaCl_2 \cdot 2H_2O$，国药集团化学试剂有限公司生产，喷施浓度0.3%）；铁肥（$FeSO_4 \cdot 7H_2O$，西陇科学股份有限公司生产，喷施浓度0.2%）；硼肥（H_3BO_3，西陇科学股份有限公司生产，喷施浓度0.1%）；锰肥（$MnSO_4 \cdot H_2O$，国药集团化学试剂有限公司生产，喷施浓度0.3%）；锌肥（$ZnSO_4 \cdot 7H_2O$，国药集团化学试剂有限公司生产，喷施浓度0.1%）；铜肥（$GuSO_4$，西陇科学股份有限公司生产，喷施浓度：0.1%）；镁肥（$MgSO_4$，西陇科学股份有限公司生产，喷施浓度0.7%）。

小果期的坐果情况可以反映出作物授粉受精程度，影响产量，试验发现不同中微量元素肥料对坐果率影响差异显著（图8-5），小果期中微量元素肥处理对坐果都有显著的效果，CK2（全营养元素对照）和锌肥效果极显著，且同组重复植株之间差异不显著，分别达到85.92%，82.78%；铜、镁、硼对收获期青果坐果率作用显著，但同组重复植株之间差异显著；铁对槟榔收获期坐果率影响不显著，且同组重复植株之间差异极显著，与CK1（空白对照）差异小。

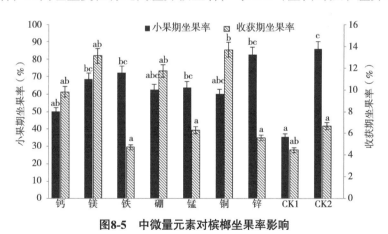

图8-5 中微量元素对槟榔坐果率影响

2. 中微量元素肥对槟榔产量形成因子的影响

喷施中微量元素肥对槟榔产量有显著影响，铜、硼对单梭果数影响显著；铜、锌对槟榔单果鲜重和单梭鲜重有效果显著；CK2（全营养元素肥）对单株鲜重作用最大，其次镁、铜、锌对单株鲜重效果显著，其中镁肥处理使单株产果鲜重达到1 076.05 g，铜处理使单株产果鲜重达到1 242.68 g。实际生产中槟

榔多以单株产果量进行直观评估计算，所以镁与铜能对进入生产初期的槟榔树单株产果有显著效果（表8-3）。

表8-3 喷施中微量元素肥对收获果鲜产量的影响

肥料	果重（g/果）	果数（个/梭）	果重（g/梭）	果重（g/株）
钙	22.57±4.58bc	33±18a	280.09±246.50a	854.82±641.62abc
镁	17.41±5.21ab	28±23a	241.27±359.35a	1 076.05±340.76abc
铁	19.26±4.50ab	7±16a	104.78±202.79a	157.17±253.71a
硼	10.44±4.78a	49±19a	226.65±196.86a	339.98±263.19ab
锰	26.92±5.74bc	25±18a	395.34±274.57a	790.67±248.09abc
铜	36.64±6.98c	55±33b	828.45±418.13a	1 242.68±625.83bc
锌	36.17±5.24c	30±19a	790.65±428.47a	1 185.97±357.05abc
CK1	26.12±9.72bc	33±18a	586.59±243.13a	879.89±403.94abc
CK2	26.049±5.62bc	28±23a	591.22±198.50a	1 773.66±248.09c

3. 中微量元素肥对槟榔果型指数的影响

市场需求决定市场价格，而采收期的槟榔果形是重要因素之一。经过中微量元素肥料处理果形饱满，呈圆形，其中铁肥和锰肥处理后果形相对最圆，果型指数在0.8以上（图8-6），此种果形不易初加工，市场需求较少，果的经济价值相对低；锌肥与硼肥处理的果形相对长，呈椭圆形，价格较高，但是相对空白对照（CK1）效果不显著，且硼肥处理果型比大于空白对照，故中微量元素肥处理使果形更加饱满，不利于市场对槟榔果实际要求。

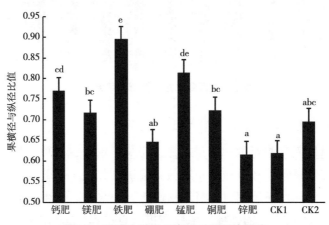

图8-6 喷施中微量元素肥对果形的影响

（三）施肥对槟榔产量与品质比较评价

通过分析得到不同施肥处理对槟榔果的影响情况，为了更加清楚直观得到不同施肥对槟榔果品质和产量的影响，利用试验中槟榔产量构成因子与品质构成因子得分进行分析得到（图8-7），可为实际生产提供参考。得到喷施0.15%浓度的铜肥和土施平衡肥能有效提高盛产初期槟榔植株的果产量；土施高氮肥可以显著提高盛产初期槟榔植株的果品质，其次喷施0.1%浓度的铜肥也有较好效果。

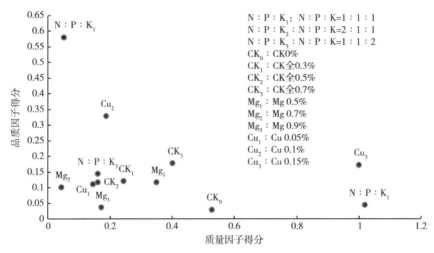

图8-7　不同施肥对槟榔果产量与品质影响

第六节　营养与化控处理对槟榔保花保果的影响

为研究植物化控物质对槟榔开花及保花保果的影响，笔者在2006年即开始进行试验，采用吲哚乙酸（IBA）、赤霉酸（GA）和0.004%芸苔素内酯水剂（云大-120）3种激素，每种激素分3种浓度，从花苞欲开放时开始喷施至整个花期结束，共喷施5次。

一、花期喷施激素对槟榔保花保果的作用

1.花期激素处理对槟榔雌花数作用

仅在花期喷施IBA对第3棱效果不显著，喷施IBA 250、400 mg/L对第1、2棱和单株有明显效果，与对照分别达显著水平和极显著水平；喷施GA 30 mg/L对第1棱

和单株效果显著，与对照达极显著水平。GA处理对第2、3梭效果不显著；喷施云大-120对第3梭和单株都有明显效果，与对照达显著水平，其中云大-120 1 000 mg/L与对照达极显著水平。单株效果分析，喷施IBA 250、400 mg/L效果最显著，与对照达极显著水平（表8-4）。整体分析结果表明：在花期喷施IBA 250、400 mg/L、GA 30 mg/L、云大-120 1 000 mg/L对提高槟榔雌花数效果较明显，与对照达极显著水平。从雌花数可以看出，IBA 400 mg/L效果最明显（表8-4）。

表8-4　花期激素处理对槟榔雌花数的影响

处理	浓度（mg/L）	雌花数（朵）			
		第2梭	第3梭	第3梭	单株
IBA	100	315a	428a	269a	372aAB
	250	323a	460a	426a	391aA
	400	265a	557a	437a	411aA
GA	30	393a	279a	280a	336abAB
	50	250a	385a	266a	318abcAB
	80	206a	223a	184a	214bcAB
云大-120	1 000	289a	322a	357a	305abcB
	1 500	284a	334a	309a	309abcAB
	2 000	270a	409a	233a	340aAB
清水对照		209a	210a	210a	210cB

2. 花期激素处理对槟榔雄花数的作用

仅在花期喷施IBA 250 mg/L对各梭及单株雄花数都有明显效果，与对照达极显著水平（表8-5）；喷施GA 30 mg/L对第1梭与单株有明显效果。GA 50 mg/L对第3梭效果较明显；喷施云大-120 1 500、2 000 mg/L对第1、第3梭效果最明显，其中1 500 mg/L效果较佳；喷施IBA 250 mg/L对第2梭、第3梭及单株效果都与对照达极显著水平，GA 30 mg/L对第3梭效果较明显，云大-120 1 500 mg/L对第1梭效果较明显。各处理对第2梭的效果最明显。整体分析表明仅在花期喷施IBA 250 mg/L、GA 30 mg/L、云大-120 1 500 mg/L对雄花数都有明显的效果，IBA 250 mg/L处理对雄花效果最明显。

表8-5　花期激素处理对槟榔雄花数的影响

处理	浓度（mg/L）	雄花数（朵）			
		第1梭	第2梭	第3梭	单株
IBA	100	1 330deCD	1 683bAB	1 274cB	1 429bcB
	250	2 103abcABC	2 885aA	2 648aA	2 545aA
	400	989eD	1 882bAB	1 504bcB	1 459bcB
GA	30	1 678cdBCD	1 673bAB	2 513aA	1 955abAB
	50	1 738bcdBCD	1 676bAB	1 346cB	1 586bcB
	80	1 194deD	1 401bB	1 255cB	1 283bcB
云大-120	1 000	1 186deD	1 456bB	1 527bcB	1 390bcB
	1 500	2 559aA	1 470bB	1 630bcB	1 886bcAB
	2 000	2 274abAB	1 544bAB	1 768bB	1 862bcAB
清水对照		1 060eD	1 181bB	1 369bcB	1 204cB

3. 花期激素处理对槟榔果生长发育的作用

（1）对坐果率的作用

仅在花期喷施IBA 250 mg/L、云大-120 1 500 mg/L对提高第1梭坐果率效果较明显（表8-6）。喷施云大-120 1 500 mg/L对提高第2梭坐果率效果较明显；喷施GA 50 mg/L对提高第3梭坐果率效果最显著。在花期喷施IBA 250 mg/L、GA 50 mg/L对单株效果最明显。整体分析结果表明：花期处理时喷施IBA 250 mg/L、GA 50 mg/L、云大-120 1 500 mg/L对提高坐果率效果明显，以IBA 250 mg/L处理效果最佳。

表8-6　花期激素处理对槟榔坐果率的影响

处理	浓度（mg/L）	坐果率（%）			
		第1梭	第2梭	第3梭	单株
IBA	100	27.10bcB	29.78cCD	22.00cB	29.67bcAB
	250	57.23aA	36.27bcBCD	35.55bcAB	50.67aA
	400	25.37bcB	30.30cBCD	23.01cB	29.33bcAB

（续表）

处理	浓度（mg/L）	坐果率（%）			
		第1梭	第2梭	第3梭	单株
GA	30	31.20bcB	45.60bAB	40.14abcAB	38.00abcAB
	50	40.08bAB	44.55bABC	56.22aA	44.00abAB
	80	25.89bcB	37.29bcBCD	46.71abAB	36.00abcAB
云大-120	1 000	29.68bcB	36.75bcBCD	23.98cB	32.67bcAB
	1 500	57.47aA	57.19aA	22.83cB	37.33abcAB
	2 000	29.78bcB	28.55cD	21.26cB	33.00bcAB
清水对照		21.28cB	26.72cD	26.46cB	25.67cB

（2）花期激素处理对槟榔结果数的作用

仅喷施IBA 250 mg/L对各梭及单株都有显著效果，其中对第1、第2梭与对照达极显著水平（表8-7）；喷施GA 50 mg/L对第2梭效果较明显；喷施云大-120 1 000 mg/L对第3梭效果最明显。各处理对第2梭效果较明显。在花期喷施IBA 250 mg/L、GA 30 mg/L、云大-120 1 000 mg/L对单株效果较明显，其中以GA 30 mg/L效果最佳。整体分析结果表明：在花期喷施IBA 250 mg/L，GA 50 mg/L，云大-120 1 000、1 500 mg/L对提高结果数效果最明显，其中IBA 250 mg/L处理效果最佳。

表8-7　花期激素处理对槟榔结果数的影响

处理	浓度（mg/L）	结果数（个）			
		第1梭	第2梭	第3梭	单株
IBA	100	51eC	83bcAB	92ab	100abcAB
	250	172aA	198aA	139ab	115abAB
	400	44eC	81bcAB	71ab	95bcAB
GA	30	76cdeABC	103bcAB	125ab	139aA
	50	142abcABC	193aA	85ab	115abAB
	80	95bcdeABC	105bcAB	85ab	95bcAB
云大-120	1 000	126abcdABC	152abAB	145a	114abAB
	1 500	162abAB	156abAB	70ab	104abcAB
	2 000	63deC	46cB	75ab	76bcB
清水对照		68deBC	68bcB	59b	63cB

（3）花期激素处理对槟榔果型指数的作用

在花期喷施IBA 100、250 mg/L和云大-120 1 000 mg/L对提高槟榔单株果型指数效果最明显（表8-8）。其中，喷施IBA 100 mg/L对15天效果最明显；喷施IBA 250 mg/L在60天效果最明显；喷施云大-120 1 000 mg/L对30天效果最显著。整体分析结果表明：花期处理喷施IBA 250 mg/L在60天，喷施云大-120 1 000 mg/L在30天提高单株果型指数效果最佳。

表8-8　花期激素处理对单株果型指数的影响

处理	浓度（mg/L）	果型指数				
		15天	30天	45天	60天	75天
IBA	100	2.67a	1.88abAB	1.74a	1.94bAB	1.79a
	250	1.72b	2.07aAB	1.95a	2.21aA	2.01a
	400	1.74b	1.9abAB	1.93a	1.9bAB	1.88a
GA	30	1.73b	1.92abAB	1.87a	1.85bB	1.92a
	50	1.94ab	2.08aAB	2.05a	1.96bAB	1.96a
	80	1.75b	1.88abAB	1.94a	1.94bAB	1.87a
云大-120	1 000	1.98ab	2.17aA	1.86a	2.02abAB	2.03a
	1 500	1.92ab	2.02aAB	1.6a	1.97bAB	1.9a
	2 000	1.75b	1.9abAB	1.9a	1.88bB	1.82a
清水对照		1.62b	1.64bB	1.64a	1.85bB	1.84a

二、果期喷施对槟榔保花保果的作用

1. 果期处理对槟榔坐果率的作用

仅在果期喷施IBA 250 mg/L和GA 50 mg/L对第1梭效果最明显（表8-9）；喷施IBA 250 mg/L、云大-120 1 500 mg/L对第2梭效果最明显；喷施IBA 250 mg/L对第3梭效果最明显，各梭处理对第1梭的效果最明显。在果期处理时喷施IBA 250 mg/L对单株效果最明显。整体分析结果表明：果期处理时喷施IBA 250 mg/L对提高坐果率效果最佳。

表8-9 果期激素处理对槟榔坐果率的影响

处理	浓度（mg/L）	坐果率（%）			
		第1梭	第2梭	第3梭	单株
IBA	100	37.13cdBC	22.91deD	32.66cBC	30.67abcAB
	250	65.36abA	76.92aA	43.42aA	52.00aA
	400	27.05 deBC	17.46deD	23.73deD	22.33bcAB
GA	30	29.22deBC	15.77deD	27.47dCD	24.33bcAB
	50	77.36aA	16.76deD	24.14deD	33.67abcAB
	80	51.55bcAB	33.59cdBCD	36.80bB	41.00abAB
云大120	1 000	33.23cdeBC	49.57bcBC	32.72cBC	36.00abcAB
	1 500	35.34cdBC	57.41bAB	24.97deD	32.00abcAB
	2 000	13.19eC	8.56eD	22.66eD	13.33cB
清水对照		21.28deC	26.72deCD	26.46deD	25.67bcAB

2. 果期处理对槟榔结果数的作用

果期处理时喷施IBA 250 mg/L、GA 50 mg/L和云大-120 1 500 mg/L对提高果数效果最明显（表8-10）。其中，喷施IBA 250 mg/L对3梭及单株都有明显效果；喷施GA 50 mg/L对第1梭效果最明显，显著高于对照；喷施云大-120 1 500 mg/L对第3梭效果较明显。各梭处理对第1梭效果最佳。整体分析结果表明：在果期喷施IBA 250 mg/L对提高果数效果最佳。

表8-10 果期激素处理对槟榔结果数的影响

处理	浓度（mg/L）	结果数（个）			
		第1梭	第2梭	第3梭	单株
IBA	100	61cC	103bB	40.33eC	97ab
	250	178aA	225aA	127abAB	149a
	400	94cABC	72bB	93bcdABC	79b

（续表）

处理	浓度（mg/L）	结果数（个）			
		第1梭	第2梭	第3梭	单株
GA	30	112abcABC	116bAB	89bcdABC	93ab
	50	172abAB	119bAB	104abcABC	87ab
	80	93cABC	40bB	74cdeBC	63b
云大-120	1 000	90cABC	116bAB	50deC	70b
	1 500	73cBC	116bAB	142aA	103ab
	2 000	107bcABC	46bB	126abAB	78b
清水对照		68cC	68bB	59cdeC	63b

3. 果期处理对槟榔果形的作用

在果期喷施IBA 100 mg/L、GA 50 mg/L、云大-120 1 000 mg/L对提高果型指数效果最明显。其中以喷施云大-120 1 000 mg/L效果最佳（表8-11）。

表8-11　果期激素处理对果型指数的影响

处理	浓度（mg/L）	果型指数				
		15天	30天	45天	60天	75天
IBA	100	1.85a	1.74a	2.12aA	2.10aA	2.01aA
	250	1.79a	1.95a	1.85bAB	1.77bcdAB	1.74abAB
	400	1.34a	1.93a	1.58cB	1.56dB	1.62bB
GA	30	1.65a	1.87a	1.91abAB	1.94abcA	1.96aAB
	50	1.46a	2.05a	1.97abA	2.03abA	1.94aAB
	80	1.17a	1.94a	1.84abAB	1.95abcA	1.97aAB
云大-120	1 000	1.53a	1.86a	2.03abA	2.00abcA	1.97aAB
	1 500	1.92a	1.60a	1.91abAB	1.91abcAB	1.95aAB
	2 000	1.71a	1.90a	1.8bcAB	1.75cdAB	1.83abAB
清水对照		1.62a	1.64a	1.84bAB	1.85abcAB	1.84abAB

4.果期处理对槟榔生物量的作用

在果期喷施GA 30、50 mg/L对各时期效果都显著高于对照。从各梭处理的效果可知，GA 30 mg/L略优于GA 50 mg/L。而喷施云大-120 1 000、1 500 mg/L以喷施云大-120 1 500 mg/L效果都显著高于云大-120 1 000 mg/L，随着喷施的次数增加，效果也呈递增。从整个激素处理来结果综合分析得出在果期喷施IBA 250 mg/L效果显著于GA 30 mg/L，云大-120 1 000 mg/L。说明在果期喷施IBA 250 mg/L对提高槟榔单果鲜重效果最佳。

干果重分析也表明：在果期喷施IBA 250 mg/L、GA 50 mg/L、云大-120 1 000 mg/L都有明显效果。以喷施IBA 250 mg/L对提高槟榔单果干重效果最佳。

三、喷施激素对槟榔果内含物的影响

1.花期处理对槟榔果内含物的影响

在花期喷施3种激素及其浓度对槟榔果维生素C含量都存在一定的影响。其中喷施IBA 100 mg/L、GA 30 mg/L效果最佳（表8-12）。

表8-12　花期不同激素处理对槟榔果维生素C含量的影响

处理	浓度（mg/L）	维生素C含量（mg/100 g）				
		15天	30天	45天	60天	75天
IBA	100	4.82bBC	5.83c	12.87a	24.89bAB	72.04a
	250	5.57bBC	6.88abc	15.82a	29.27b	60.03ab
	400	5.39bBC	7.78abc	24.29a	24.16b	72.17a
GA	30	5.01bBC	12.81a	17.57a	49.84aA	68.85ab
	50	9.49aA	12.11ab	13.47a	25.28bAB	60.63ab
	80	4.73bC	11.48abc	20.09a	22.47bB	72.65a
云大-120	1 000	8.56aAB	9.20abc	18.00a	36.93ab	54.37ab
	1 500	5.36bBC	7.88abc	19.13a	28.06b	58.10ab
	2 000	4.93bBC	9.76abc	20.88a	31.54b	63.77ab
清水对照		3.31bC	6.22bc	11.55a	25.50b	39.41b

在花期喷施IBA、GA、云大-120对槟榔果蛋白质含量都有明显的效果。其中，喷施IBA 250 mg/L效果最明显（表8-13）。

表8-13　花期不同激素处理对槟榔果蛋白质含量的影响

处理	浓度（mg/L）	蛋白质含量（mg/g）				
		15天	30天	45天	60天	75天
IBA	100	1.11ab	0.50b	0.78ab	0.23deC	0.98a
	250	1.37a	0.65b	0.85a	0.35bcBC	1.33a
	400	1.23ab	0.45b	0.65ab	0.28cdeBC	1.22a
GA	30	0.95ab	0.41b	0.63ab	0.58aA	1.28a
	50	1.15ab	0.56b	0.70ab	0.44bAB	1.18a
	80	1.11ab	0.48b	0.44b	0.33bcdBC	1.09a
云大-120	1 000	0.68b	0.48b	0.85a	0.28cdeBC	1.15a
	1 500	0.90ab	1.98a	0.72ab	0.34bcdBC	1.07a
	2 000	0.73ab	1.00b	0.72ab	0.36bcBC	1.23a
清水对照		0.66b	0.41b	0.53ab	0.21eC	0.65a

在花期喷施IBA 400 mg/L、云大-120 2 000 mg/L对提高槟榔纤维素含量效果最明显，纤维素高会影响口感，所以在花期处理时宜采用效果不明显的处理，所以喷施GA 50 mg/L最理想（表8-14）。

表8-14　花期不同激素处理对槟榔果纤维素含量的影响

处理	浓度（mg/L）	纤维素含量（%）				
		15天	30天	45天	60天	75天
IBA	100	23.62abcAB	30.46abc	30.46abAB	31.43abcAB	40.32aA
	250	22.05abcAB	27.16abc	29.53abAB	31.76abcAB	32.77abAB
	400	24.95abAB	33.22ab	34.37aA	35.44abAB	36.33aAB
GA	30	16.49cB	26.56abc	31.37aAB	35.36abAB	32.38abAB
	50	19.23bcAB	24.61bc	28.59abAB	29.08bcAB	33.87abAB
	80	23.16abcAB	33.01ab	28.41abAB	28.18bcAB	30.94abAB

（续表）

处理	浓度（mg/L）	纤维素含量（%）				
		15天	30天	45天	60天	75天
云大-120	1 000	27.60aA	28.05abc	29.23abAB	36.07abAB	33.49abAB
	1 500	27.10aA	35.29a	29.16abAB	37.22abAB	35.72aAB
	2 000	27.91aA	33.75ab	31.73aAB	40.45aA	32.82abAB
清水对照		17.89bcAB	22.16c	21.79bB	24.63cB	24.30bB

2. 果期处理对槟榔果内含物的影响

在果期喷施IBA 250 mg/L、GA 50 mg/L、云大-120 1 000 mg/L对提高槟榔果维生素C含量都有明显效果。其中，以喷施IBA 250 mg/L、GA 50 mg/L效果最明显（表8-15）。

表8-15 果期不同激素处理对槟榔果维生素C含量的影响

处理	浓度（mg/L）	维生素C含量（mg/100 g）				
		15天	30天	45天	60天	75天
IBA	100	7.58bcdeBC	10.66bcABC	16.71cdBC	51.71bcAB	56.52abA
	250	4.45bcB	13.14abAB	29.92aA	34.78cdeBC	35.23cdeAB
	400	5.54defBC	8.82cdBC	14.33cdC	17.66eC	17.11eB
GA	30	4.01bcdB	9.27cdBC	14.08cdC	70.37aA	35.58cdeAB
	50	5.30bcdBC	14.78aA	10.01dC	67.99abA	44.16abcAB
	80	4.85bB	12.69abAB	19.69bcABC	37.31cdBC	36.42bcdeAB
云大-120	1 000	5.71cdeBC	12.74abAB	26.05abAB	26.39deC	63.59aA
	1 500	4.31fC	14.28aA	26.04abAB	51.56bcAB	20.34deB
	2 000	2.96efC	12.54abAB	11.25cdC	24.70deC	45.40abcAB
清水对照		3.31cC	6.22dC	11.55cdC	25.50deC	39.41bcdAB

果期喷施GA 50 mg/L、云大-120 1 500、2 000 mg/L对提高槟榔果蛋白质含量有显著效果。其中以喷施云大-120 1 500 mg/L效果最明显（表8-16）。

表8-16　果期不同激素处理对槟榔果蛋白质含量的影响

处理	浓度（mg/L）	蛋白质含量（mg/g）				
		15天	30天	45天	60天	75天
IBA	100	1.00cAB	0.30deBC	0.68ab	0.25bcBC	0.66dC
	250	1.06cAB	0.64abAB	0.56ab	0.22dCD	0.74dBC
	400	0.53dC	0.21eC	0.53ab	0.24cBC	0.64dC
GA	30	0.66dBC	0.42bcde	0.49ab	0.27bAB	0.66dC
	50	1.08bcAB	0.37cde	0.53ab	0.29aA	0.74dBC
	80	1.11bcAB	0.54abcd	0.70a	0.26bcB	1.19cB
云大-120	1 000	1.49aA	0.59abc	0.63ab	0.27bAB	1.73bA
	1 500	1.41abA	0.79a	0.64ab	0.24cBC	2.09aA
	2 000	1.17abcA	0.65ab	0.46b	0.26bcB	1.92abA
清水对照		0.66dBC	0.41bcde	0.53ab	0.21dD	0.65dC

在果期处理时喷施IBA 400 mg/L、GA 30 mg/L、云大-120 1 000 mg/L对提升槟榔纤维素含量影响最明显，由于纤维素含量直接影响到食用的口感问题，所以不宜采用效果明显的处理。以喷施GA 50 mg/L对纤维素含量影响最低（表8-17）。

表8-17　果期不同激素处理对槟榔果纤维素含量的影响

处理	浓度（mg/L）	纤维素含量（%）				
		15天	30天	45天	60天	75天
IBA	100	30.25abA	28.46bcdBC	34.42abAB	25.47eD	27.94bcdB
	250	27.64abA	32.31abAB	33.92abAB	41.52abcAB	34.36abAB
	400	27.27abA	25.45deBC	35.01aA	33.29dC	31.77bcdAB
GA	30	32.96aA	37.27aA	29.86abcABC	42.84abA	34.46abAB
	50	29.01abA	31.53bcAB	26.05cdBC	36.45cdABC	33.21abcAB
	80	26.82bA	25.01deBC	24.41cdC	37.49bcdABC	30.54bcdAB

（续表）

处理	浓度（mg/L）	纤维素含量（%）				
		15天	30天	45天	60天	75天
云大-120	1 000	28.64abA	26.10cdeBC	28.50bcABC	43.68aA	26.47cdB
	1 500	25.61bA	21.65eC	27.07cdABC	34.22dBC	39.63aA
	2 000	26.96bA	25.63deBC	28.25bcABC	37.44bcdABC	35.12abAB
清水对照		17.89cB	22.16eC	21.79dC	24.63eD	24.96dB

四、激素处理理解喷施方案

通过分析在各时期下采用不同激素处理对各指标影响的优劣情况。为了能够更好投入生产实践，必须找出在各时期下对槟榔综合影响效果较好的施用方法。因此笔者通过因子分析的统计学方法，分析出各时期不同激素处理在各因子上的负荷值，负荷值情况见表8-18。

表8-18　槟榔各测定指标在各因子上的负荷情况

	因子1	因子2	因子3	因子4
坐果率	0.590 05	0.092 52	−0.594 77	0.330 68
结果数	0.726 70	0.309 94	−0.221 07	−0.180 13
果型指数	0.176 13	−0.362 18	−0.203 58	0.839 73
果鲜重	0.840 44	−0.205 87	0.079 04	−0.171 88
果干重	0.765 52	−0.070 34	0.163 59	−0.070 37
维生素C含量	0.459 83	−0.615 23	−0.005 85	−0.189 57
蛋白质	0.135 34	−0.202 02	0.801 85	0.333 39
淀粉	−0.110 34	0.839 62	−0.025 61	0.217 90
可溶性糖	0.543 22	0.532 12	0.137 02	−0.018 94
纤维素	0.341 54	0.365 02	0.505 64	0.183 24

1. 提高槟榔产量和维生素C、可溶性糖的喷施方案

因子1能很好地概括坐果率、结果数、果实鲜重、干重的信息，而因子2能很好地概括维生素C含量、可溶性糖的信息。因子1代表产量性状，因子2代表品质性状，对因子1和因子2作散点图。欲获得最高产量，而不考虑品质，建议在花期喷施GA 30 mg/L，欲兼顾产量与内在品质，建议在果期喷施IBA 250 mg/L（图8-8）。

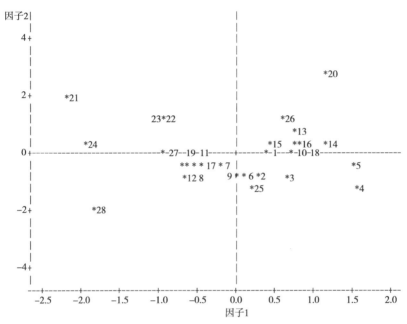

1—花期·IBA 100 mg/L；2—花期·IBA 250 mg/L；3—花期·IBA 400 mg/L；4—花期·GA 30 mg/L；5—花期·GA 50 mg/L；6—花期·GA 80 mg/L；7—花期·云大1 000 mg/L；8—花期·云大1 500 mg/L；9—花期·云大2 000 mg/L；10—花果期·IBA 100 mg/L；11—花果期·IBA 250 mg/L；12—花果期·IBA 400 mg/L；13—花果期·GA 30 mg/L；14—花果期·GA 50 mg/L；15—花果期·GA 80 mg/L；16—花果期·云大1 000 mg/L；17—花果期·云大1 500 mg/L；18—花果期·云大2 000 mg/L；19—果期·IBA 100 mg/L；20—果期·IBA 250 mg/L；21—果期·IBA 400 mg/L；22—果期·GA 30 mg/L；23—果期·GA 50 mg/L；24—果期·GA 80 mg/L；25—果期·云大1 000 mg/L；26—果期·云大1 500 mg/L；27—果期·云大2 000 mg/L；28—清水对照。图8-9和图8-10同。

图8-8　因子1和因子2散点图

2. 提高槟榔产量和蛋白质，纤维素的喷施方案

因子3表示蛋白质，纤维素的信息（表8-18）。对因子1和因子3作散点图，花期-GA 30 mg/L和花期-GA 50 mg/L能保证最大产量，但会降低蛋白质，纤维素含量（图8-9）。欲兼顾较高产量和提高蛋白质及纤维素含量，建议在果期喷施云大-120 1 500 mg/L。

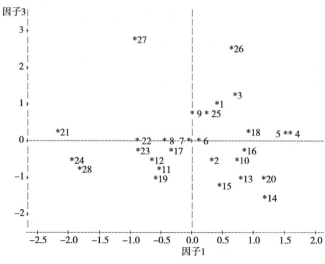

图8-9　因子1和因子3散点图

3. 提高槟榔产量和果型指数的喷施方案

因子4表示果型指数的信息（表8-18）。对因子1和因子4作散点图。由花期-GA 30能保证最大产量输出，但是果型指数偏低。花期-GA 50能保证较大产量输出，但是果型指数不高（图8-10）。欲获得较高产量及较大果型指数，建议在果期喷施云大-120 1 000 mg/L方案。

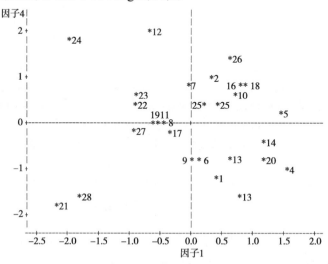

图8-10　因子1和因子4散点图

4. 优化方案和建议

综合可知，在生产应用时，因根据具体情况来采纳方案。欲获得最高槟榔产量，对内在品质要求次之，建议在花期施用GA 30 mg/L；欲兼顾较高产量和内在品质，建议在果期施用IBA 250 mg/L；欲获得最大蛋白质含量，建议在果期施用云大-120 2 000 mg/L；欲兼顾较高产量和蛋白质含量，建议在果期施用云大-120 1 500 mg/L；欲获得最大果型指数，建议在花果期施用IBA 400 mg/L；欲兼顾较高产量和较大果型指数，建议在果期施用云大-120 1 000 mg/L。

第七节　槟榔保花保果原理与技术

一、槟榔开花结果特性

槟榔花为单性花，佛焰苞裂开后会露出肉穗状花序，雄花主要生长于花序上部的丝状分枝上，小而多。雌花主要生长于花序的基部，大而少。槟榔一年四季开花，开花主要集中在4—7月下旬。花苞裂开后，雄花依次开放，开放时间为18～23天，雌花则在雄花即将脱落后开放。

1. 槟榔花的开放规律

对槟榔单梭花序开花规律进行观察记录（图8-11），苞片在佛焰苞露出的4～7天脱落，此时有些植株的雄花已经开放，有些则在苞片脱落后1周内陆续开放，整梭雄花的开放周期为16～20天。单梭花序中，雄花与雌花的开花重叠时间很短，仅为0～3天，一般为雄花即将全部脱落时，雌花才开始开放；雌花从初开到授粉的时间较短，为3～7天，雌花授粉后14～16天坐果，随后进入膨大期。

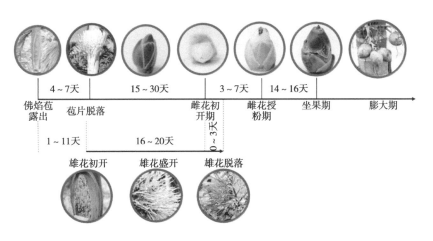

图8-11　槟榔单梭花序开花规律

在槟榔整株开花规律的调查研究中，花序内雌雄花花期重叠时间很短，每梭花序雌花的花期往往与下一梭雄花的花期有较多重叠，第1、第2、第3和第4梭雌花分别与下一梭雄花花期重叠时间为15天、15天、17天和11天，分别占到各梭雌花开放周期的71.43%、71.43%、73.91%和61.11%（图8-12）。

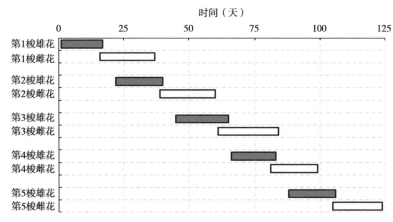

图8-12 整株槟榔开花规律

对园区槟榔各花序雌花和雄花开放周期进行研究，由于不同植株之间开花周期不一致，因此园区槟榔花序内和花序间雌雄花花期重叠时间均较长。第1、第3和第4梭雌花分别与第4梭雄花花期重叠；第2梭雌花与第5梭雄花花期均有重叠，且重叠时间最长；第5梭雌花只与第2梭雄花花期重叠，重叠时间最短（图8-13）。

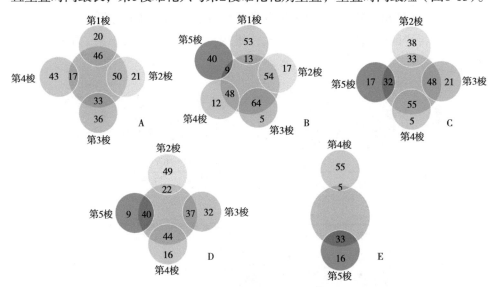

A—第1梭雌花；B—第2梭雌花；C—第3梭雌花；D—第4梭雌花；E—第5梭雌花。

图8-13 槟榔园各花序雌花与雄花花期重叠韦恩图

2.槟榔花序发育状况及坐果情况

（1）槟榔各花序正常发育比例。在槟榔开花过程中，槟榔花序的发育情况反映出这梭花最终能否正常结果，对槟榔产量有着重要的影响。研究表明，第3梭花序正常发育比例最高，可达87%左右；第2梭和第4梭花序正常发育比例较高，达到80%左右；第1梭和第5梭花序正常发育比例最低，与第2、第3梭花序正常发育比例达到显著性差异，仅为第2梭和第3梭花序的66.67%和61.54%（图8-14）。

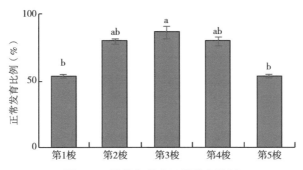

图8-14 槟榔各花序正常发育比例

（2）槟榔各花序雌花数量。槟榔的雌花数量也是衡量当年槟榔果产量的重要指标。园区槟榔平均每梭花序的雌花数量为183朵，其中第1梭和第2梭花序的雌花数量最高，均为250朵左右，均占到全年雌花数的27.34%；第3、第4、第5梭花序雌花数量较少，均与前2梭花序达到显著性差异，分别占全年雌花数的17.32%、13.56%和14.26%（图8-15）。

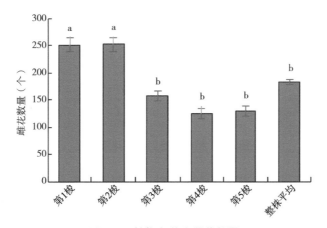

图8-15 槟榔各花序雌花数量

（3）槟榔各花序坐果率情况。槟榔的坐果情况可以反映出作物授粉受精程度，影响产量，分析得出不同花序的坐果率差异显著，园区槟榔平均每棱花序的坐果率为24.22%，第4棱花序坐果率最高，达到47.42%，第3棱花序的坐果率其次，为36.92%；第1、第2、第5棱花序坐果率较低，与第3、第4棱差异显著，分别为14.76%、15.54%和18.32%（图8-16）。

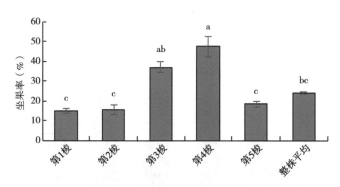

图8-16　槟榔各花序坐果率情况

（4）槟榔落花落果动态。海南槟榔单产较低主要是由于槟榔开花结果过程中落花落果现象严重。在槟榔的开花结果过程中落花落果数总体呈曲折上升的趋势，共有2次落花高峰，分别为雌花盛开和雌花坐果阶段，这2个阶段落花落果数分别为40.8个和54.4个，占到全年落花总数的55.52%；初开、授粉和膨大阶段落花落果数相对较低，分别占到全年落花总数的7.35%、14.89%和22.24%（图8-17）。

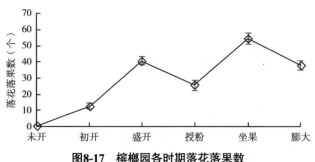

图8-17　槟榔园各时期落花落果数

（5）槟榔的花粉活力及柱头可授性。槟榔的花粉活力：花粉作为植物的雄性配子体，在有性生殖中起着重要作用，花粉的活力是受精的基础条件。槟榔植株雄花盛开时的花粉活力变化，花粉自取出后其活力便逐渐降低，刚取粉时花粉活力可达93.67%；在取粉4 h后，花粉活力降为52.33%，之后花粉活力下降速度加快；取粉6 h后花粉活力为20.33%；而取粉8 h后花粉几乎丧失活力，仅为4%；在取粉10 h后，花粉完全失活，可见槟榔的花粉在植株体外自然条件中存活时间很短（图8-18）。

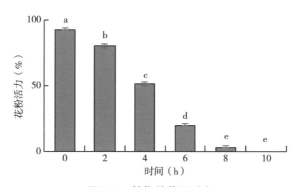

图8-18　槟榔的花粉活力

槟榔的柱头可授性：柱头是否具有花粉接受能力关系到受精过程能否顺利完成。研究不同开放日槟榔雌花柱头可授性的变化（表8-19）发现，槟榔的柱头从雌花开放时即具有接受花粉的能力，但开放首日柱头可授性较弱，第2、第3和第4天较强，其中第3、第4天柱头可授性最强，然后逐渐降低，在开放的第6天，只有部分雌花具有可授性，雌花柱头在开放后的第7天便失去可授性。

表8-19　槟榔的柱头可授性

开放 第1天	开放 第2天	开放 第3天	开放 第4天	开放 第5天	开放 第6天	开放 第7天	开放 第8天
+	++	+++	+++	++	+/-	-	-

注："+++"表示具有强可授性；"++"表示具有可授性；"+"表示具有可授性较弱；"+/-"表示部分具有可授性；"-"表示不具有可授性。

二、保花保果技术

槟榔由于雌雄花开放时间不一致，因此要提高槟榔产量需要增加其重叠时间，另外槟榔一年中花序数量也是产量构成的重要因子，如何提高槟榔花序数及花粉活力、雌雄花重叠时间是槟榔保花保果技术的关键。

笔者通过采用花期喷施营养物质与化控调节物质的方式，提高槟榔花粉活力，延长其雌雄花重叠时间，明显增加槟榔授粉率及坐果率（图8-19、图8-20）。

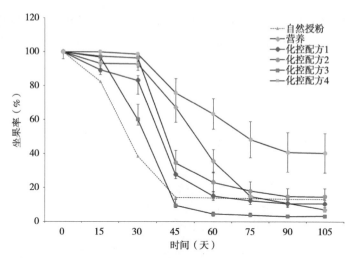

图8-19　采用营养及化控物质处理对槟榔坐果率的影响

图8-20　化控处理与未处理坐果率比较

参 考 文 献

陈才志，周小霞，王锋堂，等，2020.槟榔生物量预测模型建立与应用[J].热带作物学报，41（9）：1783-1789.

陈君，马子龙，覃伟权，等，2009.世界槟榔产业发展概况[J].中国热带农业（6）：32-34.

陈良秋，2007.我国槟榔栽培与产业发展现状[J].现代农业科技（22）：60-64.

邓建华，2004-05-12（13）.海南槟榔业需要锦上添花[N].海南日报.

董志国，李艳，刘立云，等，2008.海南低产槟榔园产量调查研究[J].中国种业（S1）：62-63.

方富炯，郦建权，黄昭奋，2009.高产槟榔新品种：槟德1号和槟德2号[J].分子植物育种（7）：1229-1230.

符之学，刘立云，李艳，等，2014.槟榔农业生产技术研究[J].安徽农业科学，43（22）：4229-4230.

郭声波，刘兴亮，2009.中国槟榔种植与槟榔习俗文化的历史地理探索[J].中国历史地理论丛，24（4）：1-15.

何振革，2007.海南省槟榔产业发展存在问题及对策[J].安徽农学通报，13（13）：109-110.

黄慧德，2017.2015年槟榔产业发展报告及形势预测[J].世界热带农业信息（1）：31-39.

黄丽云，李和帅，曹红星，等，2011.我国槟榔资源与选育种现状分析[J].中国热带农业（2）：60-62.

黄丽云，刘立云，李艳，等，2014.海南主栽槟榔品种鲜果性状评价[J].热带作物学报，35（2）：313-316.

黄丽云，刘立云，李艳，等，2016.台湾种槟榔鲜果性状评价[J].热带农业科学，36（7）：22-24.

黄循精，2003.2002年世界槟榔产销情况[J].世界热带农业信息（10）：5-6.

黄循精，2005.2004年世界槟榔的产销简况[J].世界热带农业信息（2）：18-19.

李晗，杨福孙，李昌珍，等，2020.不同土壤含水量下槟榔幼苗形态和生理特性[J].热带作物学报，41（6）：1132-1137.

李和帅，范海阔，黄丽云，等，2011. 槟榔新品种'热研1号'[J]. 中国果业信息，38（6）：1011-1012.

李洪立，李琼，杨福孙，等，2011. 水分胁迫对槟榔幼苗根系形态与活力的影响[J]. 热带作物学报，32（11）：2016-2019.

卢琨，李国胜，2010. 中国槟榔产业现状及其发展对策分析[J]. 热带农业工程，34（3）：34-37.

陆庆志，范培福，陈展雄，等，2018. 海南省槟榔种植及加工现状[J]. 热带农业工程，42（6）：18-22.

孙慧洁，龚敏，2019. 海南槟榔种植、加工产业发展现状及对策研究[J]. 热带农业科学，39（2）：91-94.

王丹，庞玉新，胡璇，等，2013. 海南省槟榔种植业发展现状及其动力分析[J]. 广东农业科学（15）：207-209.

王锋堂，杨福孙，陈才志，等，2019. 不同中微量元素对槟榔结果与产量特征的影响[J]. 热带作物学报，40（5）：857-863.

谢龙莲，张慧坚，方佳，2011. 我国槟榔加工研究进展[J]. 广东农业科学（4）：96-98.

晏小霞，王祝年，王建荣，2006. 海南槟榔产业发展现状分析[J]. 中国热带农业（3）：12-13.

晏小霞，王祝年，王建荣，2008. 槟榔种质资源研究概况[J]. 中国热带农业（5）：34-36.

杨福孙，孙爱花，边子星，等，2015. 施肥对槟榔坐果率及产量的影响[J]. 安徽农业科学，43（22）：23-25.

杨连珍，刘小香，李增平，2018. 世界槟榔生产现状及生产技术研究[J]. 世界农业（7）：121-128.

赵国祥，岳建伟，2006. 槟榔的研究开发状况及市场发展前景[J]. 中国热带农业（6）：17-19.

朱杰，2016. 海南槟榔产业发展现状及关键技术研究[J]. 科技经济导刊（9）：139.

KHALIL AJDARY K，SINGH D K，SINGH A K，et al.，2007. Modelling of nitrogen leaching from experimental onion field under drip fertigation[J]. Agricultural Water Management，89（1-2）：15-28.

GURUMURTHY K T，RAMASWAMY G R，2000. Role of major and micro nutrients on the incidence of yellow leaf disease of arecanut[J]. Plant Disease Research，15（2）：220-222.

GURUSWAMY K T, KRISHNAMURTHY N, 2012. Characterisation of soils collected from profiles in yellow leaf disease affected gardens in Thirthalli taluk （Karnataka, India）[J]. Karnataka Journal of Agricultural Sciences, 7: 73-75.

NAGARA J S, 2003. Cocoa and arecanut offering rich biodiversity. The hindu systems in arecanut plantations under two irrigation methods[J]. Journal of Plantation Crop, 32: 15-17.

RAMANANDAN P L, AbrahamK J, 2000. Soil nutritional management in arecanut yellow leaf diseases[R]. Kasaragod: Central Plantation Crops Research Institute （CPCRI）.

附　录

附录1　平地槟榔水肥一体化技术规程

水肥一体化技术是将灌溉技术与配方施肥技术融为一体的农业技术，具有节水节肥、节省劳力、减轻病虫草害、提高品质与产量等作用。平地一般指坡度不超过5°的缓坡地和比较平坦的地块。海南岛中部高耸，四周低平，环岛平原面积广阔，适宜进行作物栽培。为此根据水肥一体化实行规范和海南省槟榔在平地的栽培特点，制定平地槟榔水肥一体化应用技术规程，并进行推广。

一、适用范围

本标准规定了成年槟榔水肥一体化过程中的术语、定义和防治技术、注意事项等要求。

本标准适用于海南槟榔水肥一体化技术，其他地区可参照本规程。

二、规范性引用文件

下列文件对于本文件的应用是必不可少的。凡是注日期的引用文件，仅所注日期的版本适用于本文件。凡是不注日期的引用文件，其最新版本（包括所有的修改单）适用于本文件。

GB 5084—2005《农田灌溉水质标准》。

GB/T 8321.10—2018《农药合理使用标准》。

GB/T 17187—2009《农业灌溉设备　滴头和滴灌管技术规范和试验方法》。

GB/T 50363—2018《节水灌溉工程技术标准》。

GB/T 50485—2009《微灌工程技术规范》。

NY/T 496—2010《肥料合理使用准则　通则》。

DB 46/T 449—2017《海南省用水定额》。

GB/T 13664《低压输水灌溉用硬聚乙烯（PVC-U）GU管材》。

GB/T 28418《土壤水分（墒情）监测仪器基本条件》。

SL 364《土壤墒情监测规范》。

NY 1107《大量元素水溶肥料》。

三、术语和定义

（一）滴灌（drip irrigation）

利用塑料管道将水通过直径约10 mm毛管上的孔口或滴头送到作物根部进行局部灌溉。

（二）水肥一体化（integration of water and fertilizer）

水肥一体化技术，指灌溉与施肥融为一体的农业新技术。

（三）灌溉制度（irrigation scheduling）

根据作物需水特性和当地气候、土壤、农业技术及灌水等因素制定的灌水方案。主要内容包括灌水次数、灌水时间、灌水定额和灌溉定额。

（四）灌水定额（irrigating quota on each application）

是指作物全生育期历次灌溉定额之和。灌溉定额是指某一次灌水时每亩田的灌水量（m³/亩），也可以表示为水田某一次灌水的水层深度（mm）。

（五）作物需水量（crop water requirement）

作物生长发育过程中所需的水量，一般包括生理需水和生态需水两部分。

（六）作物需水规律（regulation of crop water requirement）

作物在生长、发育过程中对水分的需求和变化规律。

（七）基肥（base fertilizer）

基肥，也叫底肥，一般是在播种、移植前多年生果树每个生长季第1次施用的肥料。它主要是供给植物整个生长期中所需要的养分，为作物生长发育创造良好的土壤条件，也有改良土壤、培肥地力的作用。

（八）追肥（top dressing）

植物生长期间为调节植物营养而施用的肥料。

（九）注肥器（mechanical injecting feritigation device）

将肥料注入灌溉系统的管道中或直接注入灌溉水流中，使肥液与灌溉水混合以随水施肥的一种装置。

四、滴灌系统地面设备配置

（一）产地环境

平地水肥一体化技术宜选择在地势平坦开阔、水源清洁的田块实施。

（二）灌溉水质

水质符合GB 5084—2021《农田灌溉水质标准》滴灌要求的清洁，无污染的河流、湖泊、塘堰、沟渠、井泉等均可作为滴灌水源。

（三）滴灌首部枢纽

滴灌首部枢纽是整个滴灌系统的驱动、检测和调控中心，一般包括水泵及动力机、控制阀门、水质净化装置、施肥装置、测量设备、保护设备和自动控制装置等。

1. 水泵及动力机

水泵及动力机是水源抽水有压输入滴灌输水管网的设备。对工作压力或流量变化幅度较大的滴灌系统，宜选择变频调速设备。

2. 过滤器

过滤器应过滤掉大于灌水器流道尺寸1/10～1/7粒径的杂质。进出水处的压力差不宜超过5 m，超过时，应及时冲洗。过滤器类型、组合方式及运行方式应符合GB/T 50485—2009《微灌工程技术规范》的规定

3. 控制及量测设备

控制阀、进排气阀和冲洗排污阀应止水性能好、耐腐蚀、操作灵活。水表应阻力损失小、灵敏度高、量程适宜。压力表的精度不应低于1.5级，量程应为系统设计压力的1.3～1.5倍。

（四）管网系统

一般采用三级管网，即主管网、支管和滴灌带。主管网、支管常用硬聚乙烯管材和管件，应符合GB/T 13664《低压输水灌溉用硬聚乙烯（PVC-U）GU管材》的要求。

1. 滴灌带

滴灌带又称毛管组成，是滴灌系统向作物根部灌水的末级管道。滴灌带应与配套旁通牢固连接，当滴灌带长度不够，应与配套直通连接2条滴灌带。当毛管与灌水器（滴头）与毛管连接形成滴灌带时，应选用与灌水器插口端外径

相匹配的打孔器在毛管上打孔，用专门工具把灌水器插入毛管。灌水器与毛管紧密相连，防止连接处漏水。根据灌水需求，灌水器一定要间距连接，毛管内径宜为12～20 mm。滴灌带可铺设在地表，也可铺设在地下，出水口应朝下，并靠近槟榔根部。

2. 滴头

滴头应根据地形、土壤、槟榔种植模式、气象和灌水器力学特性综合选择。选择滴灌头流量不应形成地径流量，制造偏差系数不应大于0.07。

（五）滴灌地面设备清洗与运行

1. 事前检查

滴灌系统清洗与运行以前，应检查管道铺设是否符合设计要求，接头、阀门以及仪表等设备是否有损坏和连接牢固，发现问题应及时更坏维修。

2. 事中检查

运行过程中，应根据测量仪表的读数，检查系统是否在设计工况下运行；检查管道、管件以及辅助设备和各连接处是否漏水。发现问题应及时维修更换。

3. 开启模式

支管和毛管清洗或运行必须先打开下一轮灌组、再关闭已冲洗或已运行轮灌组的顺序进行，即必须先启后关，严禁先关后启。

（六）灌溉管理

（1）滴灌系统必须在设计工况和设计轮灌方式下运行。

（2）同一灌水工程，应实行统一的用水管理，同一轮灌组实行同一轮灌管理。

（3）滴灌系统在运行过程中，应建立检查和巡查制度，若出现跑水、漏水现象，应及时维修。

（4）灌溉制度应综合考虑气象、土壤类型、槟榔品种和种植模式、槟榔生理特性和需水规律、槟榔的产量、降水量及时空分布等因素确定。

（5）每次灌水作业，应做好有关操作管理人员的记录，包括灌水日期、灌水起止时间、灌水量、肥料种类、施肥量及滴灌系统各设备的运行情况等。

五、施肥装置

（1）施肥装置应具有溶肥和注肥功能。

（2）施肥装置可安装于滴灌系统首部与主干管相连组成水肥一体化系统，亦可安装于下游，与支管或毛管相连组成水肥一体化系统，以便于对土壤肥力和干旱程度存在明显空间差异的地块实施区域和精准的水肥管理。电动注肥装置输出肥液的压力和流量，应根据其所连接的主干管道、支管或毛管的水压、流量、灌区面积、计划灌水量和计划施肥量的确定。施肥装置的安装与维护应符合GB/T 50485—2009的要求。

六、节水灌溉方案

宜采取"适宜土壤含水量法"判定槟榔是否需要灌水。当耕层土壤含水量低于适宜土壤含水量时，应及时滴灌灌水。槟榔不同生育阶段耕层适宜湿润深度和适宜的土壤含水量下限值基本相同，一般耕层适宜湿润度和适宜的土壤含水量下限值为0 ~ 40 cm和田间持水量的60% ~ 75%。

（一）槟榔土壤含水量的确定

于晴朗无雨的上午，参照GB/T 28418和SL 364，选择适宜的土壤水分测定方法，测定槟榔根系周围下0 ~ 20 cm和20 ~ 40 cm土层土壤体积含水率。

（二）土壤储水量的计算

0 ~ 100 cm土层土壤储水量按下式计算：

$$SS=土层厚度（cm）\times 土壤容重（g/cm^3）\times 土壤含水量（\%）\times 10$$

式中，SS为0 ~ 100 cm土层土壤储水量（mm）。

（三）需补水量的确定

宜采用"适宜土壤含水量法"判定槟榔是否需要灌水。

当$\theta r\text{-}0\text{-}20>70\%$且SS>317 nm时，无需补水。

当$\theta r\text{-}0\text{-}20>70\%$且SS≤317 mm时，按下式计算需补水量：

$$I s=1\,394.7-582.59A$$

式中，I s为补灌水量（mm）；$\theta r\text{-}0\text{-}20$为0 ~ 20 cm土层土壤体积含水率（v/v，%）；A为土壤含水量（%）。

当θr-0-20≤70%时，按下式计算需补灌量：

$$I_s=996.2-582.59A$$

式中，I s为补灌水量（mm）；A为土壤含水量（%）。

在11月至翌年5月旱季进行灌水，每5天灌1次水。

生长健康的槟榔植株每次每株灌水6.6~7.0 kg；长势一般的槟榔植株每次每株灌水5.1~5.3 kg；长势较弱的槟榔植株每次每株灌水3.2~3.4 kg。

以每亩种植110株槟榔树进行计算，则长势较好的地块每亩应灌水0.73~0.77 t，长势一般的地块每亩应灌水0.56~0.58 t，长势较弱的地块每亩应灌水0.35~0.37 t。

七、施肥方案

（一）施肥原则

在养分需求与供应平衡的基础上，坚持有机肥料与无机肥料相结合；坚持大量元素与中量元素、微量元素相结合；坚持基肥与追肥相结合；坚持施肥与其他措施相结合；应与槟榔滴灌灌水方式相协调，在整个滴灌槟榔地或一个轮灌组控制的槟榔地内实施统一追肥管理；按照采用正确的肥料品种、适宜施肥量的确定、在正确的时间和正确的位置施肥的原则进行施肥管理。

（二）施肥时间与施肥量

根据目标产量、土壤肥力状况和大豆生长发育过程中对营养的要求，确定槟榔的施肥量。选用可溶性常规固体肥料，或水溶肥料，或有机液体肥料。水溶性肥料应符合NY 1107的规定。槟榔的成龄树营养生长和生殖生长同时进行，主要是落实好保花保果措施。这一阶段对钾素的需求较多，故成龄树应以增施钾肥、磷肥为主，氮肥为辅。一般每年施3次。

正常施入有机肥的槟榔园一般无需再补充中、微量元素，但一些滨海地区有机质含量很低的槟榔园容易出现缺镁、缺硼和缺锌等现象，可根据症状的表现有针对性地施入中微量元素肥料。

经计算，壮花肥，3—5月，每株施用高钾肥，进行水肥共施，肥液浓度为0.2%~0.3%。坐果肥，6—8月，雌花开放后，每株施用氮钾平衡费，进行水肥共施，肥液浓度为0.2%~0.3%。

八、注意事项

（1）认真做好灌溉与施肥量的记录，记录每次灌水、施肥的时间、用量、肥料种类。

（2）统计田块的产量及品质指标（单果重、纤维素含量、多酚含量、糖含量等）。

（3）每隔3年，在采收后取土测定果园0～60 cm土层的土壤养分和水分，确定土壤肥力等级、施肥量、灌水量。

附录2 坡地槟榔水肥一体化应用技术规程

水肥一体化技术是将灌溉技术与配方施肥技术融为一体的农业技术，具有节水节肥、节省劳力、减轻病虫草害、提高品质与产量等作用。坡地一般指坡度超过5°的倾斜地块。海南岛坡地面积占总耕地面积的60%以上。为此根据水肥一体化实行规范和海南省槟榔在坡地的栽培特点，制定坡地槟榔水肥一体化应用技术规程，并进行推广。

一、适用范围

本标准规定了成年槟榔水肥一体化过程中的术语、定义和防治技术、注意事项等要求。

本标准适用于海南槟榔水肥一体化技术，其他地区可参照本规程。

二、规范性引用文件

下列文件对于本文件的应用是必不可少的。凡是注日期的引用文件，仅所注日期的版本适用于本文件。凡是不注日期的引用文件，其最新版本（包括所有的修改单）适用于本文件。

GB 5084—2005《农田灌溉水质标准》。

GB/T 8321.10—2018《农药合理使用标准》。

GB/T 17187—2009《农业灌溉设备 滴头和滴灌管技术规范和试验方法》。

GB/T 50363—2018《节水灌溉工程技术标准》。

GB/T 50485—2009《微灌工程技术规范》。

NY/T 496—2010《肥料合理使用准则 通则》。

DB 46/T 449—2017《海南省用水定额》。

GB/T 13664《低压输水灌溉用硬聚乙烯（PVC-U）GU管材》。

GB/T 28418《土壤水分（墒情）监测仪器基本条件》。

SL 364《土壤墒情监测规范》。

NY 1107《大量元素水溶肥料》。

三、术语和定义

（一）滴灌（drip irrigation）

利用塑料管道将水通过直径约10 mm毛管上的孔口或滴头送到作物根部进行局部灌溉。

（二）水肥一体化（integration of water and fertilizer）

水肥一体化技术，指灌溉与施肥融为一体的农业新技术。

（三）灌溉制度（irrigation scheduling）

根据作物需水特性和当地气候、土壤、农业技术及灌水等因素制定的灌水方案。主要内容包括灌水次数、灌水时间、灌水定额和灌溉定额。

（四）灌水定额（irrigating quota on each application）

是指作物全生育期历次灌溉定额之和。灌溉定额是指某一次灌水时每亩田的灌水量（m³/亩），也可以表示为水田某一次灌水的水层深度（mm）。

（五）作物需水量（crop water requirement）

作物需水量就是作物生长发育过程中所需的水量，一般包括生理需水和生态需水两部分。

（六）作物需水规律（regulation of crop water requirement）

作物在生长、发育过程中对水分的需求和变化规律。

（七）基肥（base fertilizer）

基肥，也叫底肥，一般是在播种或移植前，或者多年生果树每个生长季第一次施用的肥料。它主要是供给植物整个生长期中所需要的养分，为作物生长发育创造良好的土壤条件，也有改良土壤、培肥地力的作用。

（八）追肥（top dressing）

植物生长期间为调节植物营养而施用的肥料。

（九）注肥器（mechanical injecting feritigation device）

将肥料注入灌溉系统的管道中或直接注入灌溉水流中，使肥液与灌溉水混合以随水施肥的一种装置。

四、滴灌系统地面设备配置

（一）产地环境

坡地水肥一体化技术宜选择水源清洁的坡地实施。

（二）灌溉水质

水质符合GB 5084—2021《农田灌溉水质标准》滴灌要求的清洁，无污染的河流、湖泊、塘堰、沟渠、井泉等均可作为滴灌水源。

（三）滴灌首部枢纽

滴灌首部枢纽是整个滴灌系统的驱动、检测和调控中心，一般包括水泵及动力机、控制阀门、水质净化装置、施肥装置、测量设备、保护设备和自动控制装置等。

1.水泵及动力机

水泵及动力机是水源抽水有压输入滴灌输水管网的设备。对工作压力或流量变化幅度较大的滴灌系统，宜选择变频调速设备。

2.过滤器

过滤器应过滤掉大于灌水器流道尺寸1/10～1/7粒径的杂质。进出水处的压力差不宜超过5～10 m，超过时，应及时冲洗。过滤器类型、组合方式及运行方式应符合GB/T 50485—2009《微灌工程技术规范》的规定

3.控制及量测设备

控制阀、进排气阀和冲洗排污阀应止水性能好、耐腐蚀、操作灵活。水表应阻力损失小、灵敏度高、量程适宜。压力表的精度不应低于1.5级，量程应为系统设计压力的1.3～1.5倍。

（四）管网系统

一般采用三级管网，即主管网、支管和滴灌带。主管网、支管常用硬聚乙烯管材和管件，应符合GB/T 13664《低压输水灌溉用硬聚乙烯（PVC-U）GU管材》的要求。

1.滴灌带

滴灌带又称毛管组成，是滴灌系统向作物根部灌水的末级管道。滴灌带应与配套旁通牢固连接，当滴灌带长度不够，应与配套直通连接2条滴灌带。当毛管与灌水器（滴头）与毛管连接形成滴灌带时，应选用与灌水器插口端外径

相匹配的打孔器在毛管上打孔，用专门工具把灌水器插入毛管。灌水器与毛管紧密相连，防止连接处漏水。根据灌水需求，灌水器一定要间距连接，毛管内径宜为12~20 mm。滴灌带可铺设在地表，也可铺设在地下，出水口应朝下，并靠近槟榔根部。

2. 滴头

滴头应根据地形、土壤、槟榔种植模式、气象和灌水器力学特性综合选择。选择滴灌头流量不应形成地径流量，制造偏差系数不应大于0.07。

（五）滴灌地面设备清洗与运行

1. 事前检查

滴灌系统清洗与运行以前，应检查管道铺设是否符合设计要求，接头、阀门以及仪表等设备是否有损坏和连接牢固，发现问题应及时更坏维修。

2. 事中检查

运行过程中，应根据测量仪表的读数，检查系统是否在设计工况下运行；检查管道、管件以及辅助设备和各连接处是否漏水。发现问题应及时维修更换。

3. 开启模式

支管和毛管清洗或运行必须先打开下一轮灌组、再关闭已冲洗或已运行轮灌组的顺序进行，即必须先启后关，严禁先关后启。

（六）灌溉管理

（1）滴灌系统必须在设计工况和设计轮灌方式下运行。

（2）同一灌水工程，应实行统一的用水管理，同一轮灌组实行同一轮灌管理。

（3）滴灌系统在运行过程中，应建立检查和巡查制度，若出现跑水、漏水现象，应及时维修。

（4）灌溉制度应综合考虑气象、土壤类型、槟榔品种和种植模式、槟榔生理特性和需水规律、槟榔的产量、降水量及时空分布等因素确定。

（5）每次灌水作业，应做好有关操作管理人员的记录，包括灌水日期、灌水起止时间、灌水量、肥料种类、施肥量及滴灌系统各设备的运行情况等。

五、施肥装置

（1）施肥装置应具有溶肥和注肥功能

（2）施肥装置可安装于滴灌系统首部与主干管相连组成水肥一体化系统，亦可安装于下游，与支管或毛管相连组成水肥一体化系统，以便于对土壤肥力和干旱程度存在明显空间差异的地块实施区域和精准的水肥管理。电动注肥装置输出肥液的压力和流量，应根据其所连接的主干管道、支管或毛管的水压、流量、灌区面积、计划灌水量和计划施肥量的确定。施肥装置的安装与维护应符合GB/T 50485—2009的要求。

六、节水灌溉方案

宜采取"适宜土壤含水量法"判定槟榔是否需要灌水。当耕层土壤含水量低于适宜土壤含水量时，应及时滴灌灌水。槟榔不同生育阶段耕层适宜湿润深度和适宜的土壤含水量下限值基本相同，一般耕层适宜湿润度和适宜的土壤含水量下限值为0～40 cm和田间持水量的60%～75%。

（一）槟榔土壤含水量的确定

于晴朗无雨的上午，参照GB/T 28418和SL 364，选择适宜的土壤水分测定方法，测定槟榔根系周围下0～20 cm和20～40 cm土层土壤体积含水率。

（二）土壤储水量的计算

0～100 cm土层土壤储水量按下式计算：

$$SS=土层厚度（cm）\times 土壤容重（g/cm^3）\times 土壤含水量（\%）\times 10$$

式中，SS为0～100 cm土层土壤储水量（mm）。

（三）需补水量的确定

宜采用"适宜土壤含水量法"判定槟榔是否需要灌水

当$\theta r\text{-}0\text{-}20 > 70\%$且$SS > 317$ nm时，无需补水。

当$\theta r\text{-}0\text{-}20 > 70\%$且$SS \leqslant 317$ mm时，按下式计算需补水量：

$$I s=1\ 394.7-582.59A$$

式中，I s为补灌水量（mm）；$\theta r\text{-}0\text{-}20$为0～20 cm土层土壤体积含水率（v/v，%）；A为土壤含水量（%）。

当$\theta r\text{-}0\text{-}20 \leqslant 70\%$时，按下式计算需补灌量：

$$I s=996.2-582.59A$$

式中，I s为补灌水量（mm）；A为土壤含水量（%）。

在11月至翌年5月旱季进行灌水，每5天灌一次水。

生长健康的槟榔植株每次每株灌水8.3～8.8 kg；长势一般的槟榔植株每次每株灌水6.4～6.6 kg；长势较弱的槟榔植株每次每株灌水4.0～4.3 kg。

以每亩种植110株槟榔树进行计算，则长势较好的地块每亩应灌水0.91～0.96 t，长势一般的地块每亩应灌水0.70～0.73 t，长势较弱的地块每亩应灌水0.44～0.46 t。

七、施肥方案

（一）施肥原则

在养分需求与供应平衡的基础上，坚持有机肥料与无机肥料相结合；坚持大量元素与中量元素、微量元素相结合；坚持基肥与追肥相结合；坚持施肥与其他措施相结合；应与槟榔滴灌灌水方式相协调，在整个滴灌槟榔地或一个轮灌组控制的槟榔地内实施统一追肥管理；按照采用正确的肥料品种、适宜施肥量的确定、在正确的时间和正确的位置施肥的原则进行施肥管理。

（二）施肥时间与施肥量

根据目标产量、土壤肥力状况和大豆生长发育过程中对营养的要求，确定槟榔的施肥量。选用可溶性常规固体肥料，或水溶肥料，或有机液体肥料。水溶性肥料应符合NY 1107的规定。槟榔的成龄树营养生长和生殖生长同时进行，主要是落实好保花保果措施。这一阶段对钾素的需求较多，故成龄树应以增施钾肥、磷肥为主，氮肥为辅。一般每年施3次。

正常施入有机肥的槟榔园一般无需再补充中、微量元素，但一些滨海地区有机质含量很低的槟榔园容易出现缺镁、缺硼和缺锌等现象，可根据症状的表现有针对性地施入中微量元素肥料。

经计算壮花肥，3—5月，每株施用高钾肥，进行水肥共施，肥液浓度为0.2%～0.3%。坐果肥，6—8月，雌花开放后，每株施用氮钾平衡费，进行水肥共施，肥液浓度为0.2%～0.3%。

八、注意事项

（1）认真做好灌溉与施肥量的记录，记录每次灌水、施肥的时间、用量、肥料种类。

（2）统计田块的产量及品质指标（单果重、纤维素含量、多酚含量、糖含量等）。

（3）每隔3年，在采收后取土测定果园0~60 cm土层的土壤养分和水分，确定土壤肥力等级、施肥量、灌水量。

附录3　平地槟榔栽培技术模式及栽培技术

　　槟榔是棕榈科常绿乔木，其种子、果皮、花苞都可入药，具有健胃、杀虫、降气等功能。海南省四周低平，中间高耸，以五指山、鹦哥岭为隆起核心，向外围逐级下降。山地、丘陵、台地、平原构成环形层状地貌，梯级结构明显。平地较多，雨水无法自由流通，所以槟榔种植都需设置排水沟，同时需在栽培技术、田间管理、病虫害防治等方面加强。

一、栽培技术

（一）育苗

　　一般采用营养袋育苗方法，生长整齐，成活率高，便于管理。用28 cm×20 cm塑料袋，盛装按1∶1的表土与牛猪粪混配的营养土，然后平放催芽种1粒，覆土种子1 cm左右，淋水保湿，适当遮阴，待苗长出后，每隔15～20天施肥1次，5个月左右，长出两叶一针后便可定植。

　　苗床育苗法：选地势较高、土地肥沃、土质疏松、排灌方便，不积水的地块作苗圃。将圃地耕翻暴晒，撒沤熟有机肥15 000～22 500 kg/hm²后耕匀起畦，畦高15 cm，宽120 cm，畦长根据地块和有利管理而定，畦间距50～60 cm。用60%的遮阳网在畦上搭起高2 m宽1.5 m的临时荫棚。然后在畦面上按株行距25 cm×30 cm的规格开穴种植。方法同上，当苗长出1～2片叶后，可用浓度0.5%～1%复合肥水溶液隔15天洒施1次。3片叶后，用尿素75 kg/hm²加复合肥150 kg/hm²混合后，逐株穴施或条施，每隔1～2个月1次。肥量逐次适量增加，并注意防治病虫害。

（二）移植

1. 土地选择

　　选择海拔300 m以下坡度小于25°的南坡谷地及排灌方便的平地。土层深厚，底土为红壤黄壤土，表层富含有机质的沙质壤土最适宜槟榔种植。

2. 规划和整地

　　面积一般平地50～80亩，丘陵地区30～50亩。山地20～30亩，小区长度150～200 m。道路规划，由干路、支路、小路三级组成。防护林规划分别设置在小区短边上垂直于海南南部主风方向的东南方向的主林带和设置在小区长边上的垂直于主林带的副林带。

排灌系统规划，果园灌溉除采用常规的沟渠灌溉外，最好采用喷灌技术。并在园区四周设置排水渠。

果树行向和密度规划，种植行向为南北走向，行列采用长方形配置，密度按地力高低决定疏密，一般2 085～2 175株/hm²，规格分别为2 m×2.4 m，2 m×2.3 m。

3. 整地小区进行机耕和平整

坡度5°以下的可直接按等高线挖穴，坡度大于5°的应修筑平台后挖穴。挖穴规格为50 cm×50 cm×50 cm，挖穴的表土和底土分开放置。然后把用磷肥堆沤过的有机肥按每穴8～10 kg施下并回填表土待植。

4. 移植时间和方法

海南南部气温较高，只要有水灌溉。全年都可定植。但以8—10月的雨季定植较适宜。在种植方法上要改变传统的多次移植为一次性定植。定植时要选择一级种苗。即苗高超过70 cm，茎粗大于0.9 cm，叶片数达到6片以上。新展开叶片长度超过35 cm。同时苗圃育苗的小苗要带土，小苗茎基部离穴口土面8～10 cm。覆土6～8 cm后踏实淋足根水，并在穴面上盖上荫蔽物保湿。

（三）定植

海南定植以春植3—5月和秋植8—10月2个时间段。但以雨季定植较好，易成活。在定植前2个月在选好的地上按株行距（200～250）cm×（220～300）cm（与胡椒间作可450 cm×600 cm）先开穴，宽60 cm，深45 cm，让土壤风化。定植时，选阴天将表层肥土填入坑内，并施足基肥，把当天带土挖起的壮苗直栽于坑内，高出地面约15 cm，覆土压实即可。植后将已展开的叶剪去一半，并根据阳光强度适当在周围插小树枝遮阴，每天适当浇水，到成活长出新叶，方可减少浇水次数。

二、田间管理

植株成活后，每年应中耕、除草、施肥2～3次，注意排灌，保持植株周围土壤疏松、无杂草、有充足的养料、适当的湿度，以利正常生长，提早结果。施肥应在4—9月，于树根15～20 cm处挖环带穴施入，然后覆土。成年树，在花蕾未现前施1次人粪尿或氮肥，在结果旺盛期施1次磷钾肥，如过磷酸钙、草木灰或堆肥等混施。

（一）肥水管理

槟榔为棕榈科植物，具有较强的抗旱能力，但并不说明槟榔不需要水分。笔者研究发现，槟榔在花苞形成期为水分临界期，这个时期持续时间较长，一般长达3~5个月，而水分最大效益期多处于4—8月，处于槟榔果实初始膨大到快速膨大期；海南省槟榔花苞形成期始于11月，而最后一个花苞多始于2~4月。果实初始膨大期在3月左右。

不论哪种水肥一体化技术在海南都从11月至翌年5月进行，充分灌溉在土壤含水量低于相对含水量70%以下时即进行灌溉，每10~15天配合施肥1次，雨季灌溉减少，但水肥施用不减少，仍需每10~15天/次，整个过程需要对施肥配方进行不断调整，以降低因养分与水分不足引起的槟榔叶片黄化现象。

采用水肥喷灌：在槟榔园中建造蓄水池和施肥池，可采用文丘里装置或直接用混合，在槟榔行间布置水管，根据喷洒范围设置喷头，进行水肥一体化喷施。此方法需要注意水源清洁，防止堵塞，另外也受风影响，风大水喷洒范围不均匀，如3~4级风即要停止喷灌。旱季每4~5天灌溉1次，10天施肥1次。

采用水肥滴灌：为充分利用水分，可在槟榔园中布置滴灌设施，可采用1个树头1个滴头也可以采用2个滴头。此种技术更需要水源清洁，同时对施用的肥料要求较高，最好用水溶性肥。这种方式不受风的影响，但滴管会影响槟榔园人工割草等操作。旱季每4~5天灌溉1次，10天施肥1次。

（二）适期采收、培育健壮树势

槟榔的采果有别于其他果树，除了备留种子的植株，都可根据商用目的进行采果。嚼用槟榔以榔玉就将饱满为度全部采完果穗，加工榔干的槟榔在青果期8—11月将其果穗采完，加工榔玉的果穗也应在果实红熟时采完，拖延采果，导致果穗提前大量消耗挂果必备的养分储备，翌年托果穗养分供应不足加之田间肥水管理疏忽，落花落果将是很严重的。所以为了保证第2年丰产，应根据不同情况，分别适期采完槟榔果。至于有少量植株生长旺盛叶子油绿而茎节幼青皮嫩徒长应投产而未开花或开花而未挂果的植株，可以采用调节水肥方式，促进其开花结果。

（三）中小苗管理

1.做好幼苗阶段的荫蔽及除草工作

槟榔树属阳性植物，对光的要求因苗龄而异。苗期及幼龄阶段需要适当的荫蔽，如光照过强，则易伤嫩叶，影响幼苗生长。但过度的荫蔽会造成植株徒长纤弱。因此，我们在管理过程中应注意到槟榔树的这一生长习性。定植1~2

年内在幼苗的行间可间种一些矮秆作物保护幼苗。一般保证定植后2~3年荫蔽度为30%~40%即可，随着苗的长大才逐步减少。

2. 施肥

有机肥与化肥相结合施用，少量多次。幼龄期施肥以氮肥为主，适当配合磷、钾肥为原则，幼龄树每年可结合除草施化肥3~4次；定植2年后有机肥结合化肥每年施1~2次。

（四）结果树管理

这一阶段主要是落实好保花保果措施。一是施肥，主要施好3次肥：第1次养树肥，在采果结束后12月至翌年1月及早重施1次肥，占全年施肥量的40%~50%，每株施复合肥0.4~0.5 kg、硫酸钾0.25 kg，施用磷肥沤熟的优质有机肥每株5~8 kg，使槟榔树在采后能及时得到养分的补充，对采果后的树势恢复及其后的花序分化都有促进作用，为下年开花结果打下良好基础。第2次壮花肥，3—4月是槟榔盛花期，每株施复合肥0.4~0.5 kg，提高槟榔树开花结果结实率。第3次壮果肥，在6—7月的幼果期，每株施复合肥0.5 kg、尿素0.25 kg，促进果实发育膨大。还要喷施叶面肥，如叶面宝、高美施和氨基酸类叶面肥。同时，在喷叶面肥时加入农药防治病虫害。二是成龄园每年除草2~3次，并结合培土，以提高土壤保水保肥能力。

三、病虫害及其防治

（一）槟榔黄化病

1. 病因

根据海南大学与其他科研机构的研究与生产经验，认为引发槟榔黄化病或黄叶现象的主要因子是：①生理性黄化，主要是槟榔生长期缺水或积水，同时缺水导致缺肥，或根系吸收能力弱，导致水肥供应不足。小苗也会受强光影响导致叶片黄化；②除草剂滥用造成槟榔土壤退化与根系受害，海南省雨季槟榔园杂草生长旺盛，种植户经常除草，而此时为槟榔发根及抽叶期，除草剂导致根系受损及树势下降；③病理性黄化，槟榔叶片上存在细菌性及真菌性病害，导致叶片黄化，其中植原体及长条病毒是科研人员目前获得认为导致黄化的病害；④虫害，2002年椰心叶甲进入海南，后在槟榔上为害，导致槟榔心叶坏死或抽叶困难，槟榔树势下降，产生叶片缩小，最终束顶，其他虫害也有传播病害的危险。典型病状一般为幼叶黄化型，老叶黄化型，全叶黄化型。

2.防治方法

注意做好地下害虫和根线虫的防治工作。叶面喷药毒杀介壳虫、叶蝉、蜘蛛、蚜虫、蓟马，减少传病媒介。

出现病毒及类菌原体黄化病株，初期用下列药剂兑水叶面喷施防治。处方一：用肥皂兑水或0.5%香菇多糖水剂500倍液喷洒病株控制病毒及类菌原体蔓延。处方二：8%胺鲜酯水剂1 500倍液+2%氨基寡糖素水剂1 500倍液+10%萘乙酸泡腾片剂2 000倍液+0.01%芸苔素内酯乳油3 000倍液喷治，连喷2～3次，隔5天1次，早上喷药。处方三：施用酵素菌肥料预防病毒病。对患病严重植株挖除烧毁，用肥皂水或0.5%香菇多糖水剂500倍液淋洒病穴。

生理黄化病防治方法：以治本为主，治标为辅。治本着重在改良土壤，因施盐造成土壤碱化的槟榔地，改良土壤的方法：①间种改土，提高复种指数；②山坡岭地实行平整土地搞平台换新土；③有条件的地块可引洪淤灌，洗盐压盐；④化学改良以施腐殖酸类有机肥料、覆盖塘泥、农家肥或新表土培肥。因长期偏施无机化肥，特别是偏施尿素使土壤板结的地块，采取松土，增施塘泥，农家肥等有机肥料，覆盖杂草保湿保松，有条件的最好施用酵素菌肥料增加土壤中有益微生物，使土壤疏松，也可以淋洒高美施、奥普尔等活化土壤，改良土壤是一项艰苦的工作，一定要坚持做好。

附图1 槟榔黄化病

（二）槟榔细菌性条斑病及其防治措施

1. 病因

槟榔细菌性条斑病严重影响槟榔的生长和产量。该病可以侵染各龄槟榔叶，叶柄和叶梢。叶片上症状为暗绿色、淡褐色小斑点或一些短条斑，扩展部位半透明，在有利条件下，病斑扩大。叶柄上病斑棕褐色，长椭圆形或不规则形，无黄晕。病斑处的维管束变褐色。叶鞘上病斑褐色，凸起状，无黄晕，病斑能穿透叶鞘两面。严重时，鞘上布满病斑，造成整叶枯死。该病病原为细菌。带病种苗、田间病株及其残体是该菌的主要侵染来源。通过雨水、流水和露水传播，从植株自然孔口和伤口入侵。雨量大、湿度高，病害发展快，病情重。台风时雨水传播病菌，且植株伤口增多，利于病菌入侵，病害易流行。

2. 防治方法

（1）引进种苗时，严格检查淘汰病苗。

（2）加强田间管理合理施肥，防止偏施氮肥，排除积水，清除病株残体。

（3）造防护林减少台风造成伤口，抑制病害发生流行。

（4）在发病前期，一般选用下列药剂及浓度：30%噻唑锌悬浮剂600倍液、27%春雷·溴菌腈可湿性粉剂600倍液、33.5%喹啉铜悬浮剂500倍液等进行喷洒，每隔7天1次，共2～3次。

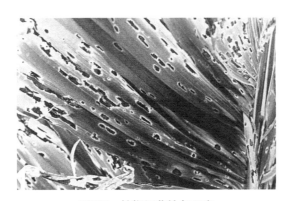

附图2　槟榔细菌性条斑病

（三）槟榔炭疽病及其防治措施

1. 病因

本病在国内外普遍发生。海南省各县的槟榔园皆有发病。病菌侵染植株多种器官，因发病部位不同而有多种病名。发生在叶片上叫炭疽病；发生在芽上叫芽腐病；发生在花穗上叫花穗回枯病（枯萎病）；发生在果上叫果腐病。

其中幼苗炭疽病最严重，重病区发病率70%以上，病苗长势衰弱，甚至死亡，死亡率为30%，成龄株的芽（心叶）严重感病时可导致整株死亡；花、果发病引起花序干枯，落花落果，严重减产。此病是槟榔主要病害之一，分布海南各地。小苗和成龄株均受害，病斑大，不规则形、灰褐色、具轮纹，边缘有双褐色线围绕，其上密布小黑点，后期病部组织破裂，叶片、叶柄、花穗和果实都可发病，病害严重时引起落花落果。本病一般在高温多湿的气候条件下容易发生，风雨是病菌传播的主要媒介。槟榔遭受寒害或管理粗放，缺肥，遭受虫害后都容易发病。

多雨高湿、气温20～30℃是本病发生发展的重要条件。槟榔园密植、失管荒芜、荫蔽不通风、植株生长势差有利病害发生。遭受台风刮伤、寒害冻伤、害虫咬伤的植株也易发病。

2. 防治方法

（1）加强管理，消灭荒芜，排除积水，合理施肥，及时清除田间病残组织。

（2）苗圃不要用槟榔病叶搭荫棚育苗，以减少侵染来源。

（3）喷施70%甲基硫菌灵可湿性粉剂1 000倍液或50%多菌灵可湿性粉剂1 000倍液，2周喷1次。

附图3　槟榔炭疽病

（四）槟榔幼苗枯萎病及防治

1. 病因

幼苗枯萎病是槟榔的主要病害之一。患槟榔幼苗枯萎病的病苗死亡率可达30%以上。症状为叶龄幼苗，叶缘出现长条形、水渍状、淡褐色病斑，而后病斑扩大呈不规则形、灰黑色，其上散生大量小黑粒。重病株叶片纵卷枯萎，终至死亡。侵染循环：该病的初次侵染来源主要是田间病株及其残体的病菌（分生孢子）。分生孢子借风雨传播，落在幼时上引起发病。发病条件：夏秋季雨水多是最重要的发病因素。苗圃荒芜，地势低洼，排水不良也发病。

2. 防治方法

（1）加强苗圃管理，排除积水，增施肥料，清除（焚烧）已死亡病株，减少侵染来源。

（2）喷施50%多菌灵可湿性粉剂800倍液或50%甲基硫菌灵1 000倍液。

（五）槟榔根部病害及防治

1. 病因

槟榔根部病害有褐根病和黑纹根病。在海南发生虽不普遍，但个别地区病情十分严重，植株死亡率高达25%左右。

（1）褐根病发病初期，植株外层叶片褪绿、黄化，并逐渐向里层发展，茎干干缩，呈灰褐色，随后叶片脱落，整株死亡。病根表面粘泥沙，有时可见铁锈色至褐色菌膜。干缩的木质部具褐色网纹，呈蜂窝状结构，并有白色菌丝杂交在其中，病树1～2年死亡。

（2）黑纹根病：病菌多由根颈部的受伤处侵入，植株发病后，叶片褪绿变黄，病根表面不粘泥沙，无菌丝菌膜。在根皮与木质部之间有灰白色菌丝层，木质部剖面有双重黑线纹。病原：褐根病属担子菌，黑纹根病属子囊菌。侵染循环：根病的最初侵染来源主要是开垦时残留下来的病根和病桩，如没有清除，种植的槟榔根系和病组织接触，便因而感染。病菌也可借风雨传播到槟榔根茎上，从伤口侵入，从而使病区不断扩大。

2. 防治方法

（1）开垦时彻底清除林地中的初次浸染来源，即感病的树桩、树根和槟榔园周围的野生寄生。

（2）加强管理，消灭荒芜，增强槟榔的抗病能力。

（3）定期检查，发现病株，及时处理，可试用0.5%十三吗啉水剂淋灌病树周围土壤，每株3～6 kg药液，对死株或无救治病株，要连根挖除。

（六）红脉穗螟及防治

红脉穗螟为槟榔"钻心虫"，是槟榔的重要虫害。也称"蛀果虫"。

1. 症状

主要钻食槟榔的花穗和果实，偶尔也为害槟榔心叶。幼虫钻入槟榔的佛焰苞，被害花苞多数不能展开而慢慢枯苦。已展开的花苞，幼虫把几条花穗用其所吐出的丝粘起来，隐藏其中，取食雄花和钻蛀雌花。幼虫可从果实的果蒂附近的幼嫩组织入侵，钻食果肉，被蛀果提早变黄干枯而造成严重落果。此外幼虫还钻食心叶，心叶生长点被取食，导致整株槟榔死亡。

2. 发生规律

（1）幼虫在大田出现的第1个高峰是6月下旬，槟榔处于第3穗花的盛花期，幼虫主要为害花穗。第2个高峰期在10月上旬，是槟榔的成果期，幼虫主要为害成果。

（2）成虫对槟榔不为害，白天静伏在槟榔叶背面，多在夜间活动，趋光性不强，卵散产在花序、果蒂附近的细嫩组织表面上。

3. 防治措施

（1）农业措施。在槟榔开花、收果前，及时清除被害的花穗和被蛀的果实，冬季结合清园，把园内枯叶、枯花、落果集中销毁。

（2）化学防治。在幼虫出现的高峰期轮换选用30%氯虫苯甲酰胺水分散粒剂2 500～4 000倍液、2%噻虫·氟氯氰颗粒剂2 500～5 000倍液、10%虫螨腈微乳剂100倍液、21%甲维·仲丁威微乳剂250～500倍液、20%甲维·丙溴磷乳油1 000～1 200倍液喷雾。

附图4　红脉穗螟

（七）椰心叶甲与防治

椰心叶甲属于鞘翅目、叶甲总科，是国家禁止进境的国际二类植物检疫对象，主要为害椰子等棕榈科植物，是我国重大危险性外来有害生物，在国家林业局公布的21种林业检疫性有害生物名单中排名第三。

1. 形态特征

成虫体细扁，长7.3～10.0 mm，触角粗线状，11节，黄褐色，顶端4节色深，有绒毛。雌雄两性，前胸背板红黄色，刻点100个以上，粗而排列不规则。鞘翅有时全为红黄色，有时后面部分甚至整个全为蓝黑色。卵长褐色椭圆形，表面有蜂窝状扁平凸起。成熟幼虫体扁平，长约9.5 mm，宽约1.5 mm，乳白色。蛹色泽和长度与幼虫相似。

2. 发生规律

椰心叶甲1年发生3～6代，世代重叠，完成1个世代需要约52天，代数及发育速度因地而异。成虫选择心叶的基部产卵，单个产下或排成短的纵行，卵粒以一端黏附在叶的边缘，卵周围一般有成虫排泄物及植物的残渣。成虫羽化后经约12天才发育成熟。每雌虫产卵100余粒，寿命2～3个月。

3. 症状

椰心叶甲主要为害椰子、大王椰子、假槟榔、蒲葵、老人葵、油棕等多种棕榈科植物，椰子是其最喜食的寄主植物。主要是以成虫和幼虫这2种虫态在椰子树及其他棕榈科经济植物的幼嫩心叶上为害，只钻在尚未开放的心叶中取食或躲藏在心叶的夹层中啃食。在未开放的心叶部，成虫和幼虫沿叶脉咀嚼叶的表皮薄壁组织，导致叶肉细胞死亡。叶表留下与叶脉平行的狭长褐色条纹，这些条纹形成狭长伤疤，又随心叶伸展呈现大型褐色坏死区或呈现失水青枯现象，新叶抽出伸展后为枯黄状；严重时叶子卷曲皱缩呈灼伤状；叶片严重受害后，可表现出枯萎、破碎、折枝或仅余下叶脉等被害状，有时顶部几张叶片均呈火燎焦枯状，不久树势衰败至整株枯死。

4. 防治措施

（1）生物防治。使用生物农药进行治疗，以心叶喷雾为主，当地一旦发现有椰心叶甲危害，对槟榔均要进行统一预防。使用100亿孢子/g金龟子绿僵菌可湿性粉剂1 000倍液对心叶喷雾，每7～10天喷药1次，连喷2次，注意不得与杀菌剂混用。释放寄生蜂，在有椰心甲为害的槟榔园释放椰心叶甲啮小蜂或椰甲截脉姬小蜂，每2个月释放1次，连续释放3次。

（2）化学防治。以喷雾防治为主，对于椰心叶甲发生较严重的地区，可选择高效、对人、畜安全的环保药剂喷雾防治。具体用法：用1 kg袋装的25%噻虫嗪悬浮剂600～800倍液+20%呋虫胺悬浮剂1 000倍液，均匀喷雾进行防治，重点喷心叶部位。施药时注意避开大风天气喷药，用药后6 h下雨会影响药效，应重喷。

附图5　椰心叶甲

（八）红棕象甲及防治

1. 形态特征

成虫体色红色，体硬，头部延长成管状喙，咀嚼式口器，幼虫肥胖弯曲，长50～60mm。幼虫期14～28天，每年4—10月为虫害盛期，从伤口及生长点侵入。

2. 发生规律

海南槟榔主要害虫。别名"锈色棕榈象"，鞘翅目象甲科，主要以幼虫蛀食茎干内部及生长点，造成输送组织堵塞，并产生特殊气味。

3. 症状

幼虫钻蛀树干，植株茎干上可见明显虫洞，初期树冠周围叶片黄萎。

4. 防治方法

（1）早晨或傍晚人工捕捉，利用其假死性，敲击茎干将其振落捕杀，或用沥青或用泥浆涂封受害伤口。

（2）化学防治。受害较轻植株，先用长铁钩将受害植株虫道内的粪便或树屑钩出，注射22%吡虫·噻嗪酮可湿性粉剂500倍液，然后用泥浆密封。在4—10月定期喷药杀虫卵。

附图6　红棕象甲

附录4　缓坡槟榔栽培技术模式及栽培技术

一、缓坡地的概念

缓坡地的缓，所针对的是坡度，反映的是坡度的大小问题，那么缓的标准是什么？

目前学术界的大部分观点将缓坡地的缓定为坡度在25°以下。而在山区含丘陵，随着坡度增加，坡面物质的稳定性降低，使坡面水土流失加重。通常，当坡度>25°时，极易引起严重的水土流失，甚至容易发生崩塌、滑坡、泥石流等不利于人类生产与生活的地质灾害。因此，《中华人民共和国水土保持法》第二十五条规定："禁止在25°以上的坡地开垦种植农作物。"而缓坡地的下限问题，参照我国土地调查中的坡度分级体系，缓坡地的下限在坡度值以6°为宜。

附表1　我国土地调查中的坡度分级体系

耕地坡度等级	Ⅰ级	Ⅱ级	Ⅲ级	Ⅳ级	Ⅴ级
分级指标	<2°	2°~6°	6°~15°	15°~25°	>25°

二、栽培技术

缓坡槟榔在育苗期间的栽培技术与平地槟榔的栽培技术相同，其间差异在整地、移植阶段。

（一）整地

缓坡地的整地工作与平地有很大的区别，首先要根据地形地势划出等高线，然后再开种植穴，要确保等高线和种植穴垂直距离2.0~2.3 m。在坡度大于15°的缓坡地上，还需要按照等高线先修筑平台，再开种植穴。缓坡地种植槟榔要在种植穴的四周修筑防洪沟和排灌沟，以减少雨水冲刷等对槟榔造成的伤害。缓坡槟榔在种植密度上可以略高于平地槟榔的种植密度，其种植规格（2.0~2.3）m×（2.2~2.5）m，亩植130~150株，随着坡度的增加，种植密度可以稍稍增加。挖穴规格30 cm（穴宽）×40 cm（穴长）×（40～50）cm（穴高），然后在穴里施入用磷肥沤熟的有机肥，每穴4～5 kg，用表土混合等待种植。

（二）选苗

选择2～3片叶且心叶未展开的粗壮苗出圃定植较好。因为这样的苗根系很少且尚未伸出袋外，移植时不易伤根。另外，叶片少而小，定植时蒸腾作用小，成活率相对较高。

（三）种植时间

选择雨季来临前的5—6月进行种植较为适宜。

（四）种植方法

回穴时先回表土，再将心土和腐熟农家肥混匀后回入。袋苗移栽前应将育苗袋除去，苗床育苗起苗时要带上土球，种植时根茎入土5 cm左右为宜。种后应及时浇足定根水，其后半月应根据土壤墒情和苗情浇水1～2次。

三、田间管理

植株成活后，每年应中耕、除草、施肥2～3次，注意排灌，保持植株周围土壤疏松、无杂草、有充足的养料、适当的湿度，以利正常生长，提早结果。施肥应在4—9月，于树根15～20 cm处挖环带穴施入，然后覆土。成年树，在花蕾未现前施1次人粪尿或氮肥，在结果旺盛期施一次磷钾肥，如过磷酸钙、草木灰或堆肥等混施。

（一）肥水管理

槟榔为棕榈科植物，具有较强的抗旱能力，但并不说明槟榔不需要水分。本课题组研究发现，槟榔在花苞形成期为水分临界期，此期持续时间较长，一般达3～5个月，而水分最大效益期多处于4—8月，处于槟榔果实初始膨大到快速膨大期；海南省槟榔花苞形成期始于11月，而最后一个花苞多始于2—4月。果实初始膨大期在3月左右。

不论哪种水肥一体化技术在海南都从11月至翌年5月进行，充分灌溉在土壤含水量低于相对含水量70%以下时即进行灌溉，每10～15天配合施肥1次，雨季灌溉减少，但水肥施用不减少，仍需每10～15天1次，整个过程需要对施肥配方进行不断调整，以降低因养分与水分不足引起的槟榔叶片黄化现象。

如采用水肥喷灌：在槟榔园中建造蓄水池和施肥池，可采用文丘里装置或直接用混合，在槟榔行间布置水管，根据喷洒范围设置喷头，进行水肥一体化喷施。此方法需要注意水源清洁，防止堵塞，另外也受风影响，风大水喷洒范围不均匀，如3~4级风即要停止喷灌。旱季每4~5天灌溉1次，10天施肥1次。

而采用水肥滴灌：为充分利用水分，可在槟榔园中布置滴灌设施，可采用1个树头1个滴头也可以采用2个滴头。此种技术更需要水源清洁，同时对施用的肥料要求较高，最好用水溶性肥。这种方式不受风的影响，但滴管会影响槟榔园人工割草等操作。旱季每4~5天灌溉1次，10天施肥1次。

（二）适期采集适量环割、培育健壮树势

槟榔的采果有别于其他果树，除了备留种子的植株，都可根据商用目的进行采果。嚼用槟榔以榔玉就将饱满为度全部采完果穗，加工椰干的槟榔以青果期8—11月将其果穗采完，加工椰玉的果穗也应在果实红熟时采完，拖延采果，导致果穗提前大量消耗挂果必备的养分储备，翌年托果穗养分供应不足加之田间肥水管理疏忽，落花落果将是很严重的。所以为了保证第2年丰产，应根据不同情况，分别适期采完椰果。至于，有少量植株生长旺盛叶子油绿而茎节幼青皮嫩徒长应投产而未开花或开花而未挂果的植株，可以采用调节水肥方式，促进其开花结果。

（三）中小苗管理

1. 做好幼苗阶段的荫蔽及除草工作。

槟榔树属阳性植物，对光的要求因苗龄而异。苗期及幼龄阶段需要适当的荫蔽，如光照过强，则易伤嫩叶，影响幼苗生长。但过度的荫蔽会造成植株徒长纤弱。因此，我们在管理过程中应注意到槟榔树的这一生长习性。定植1~2年内在幼苗的行间可间种一些矮秆作物保护幼苗。一般保证定植头2~3年荫蔽度为30%~40%即可，随着苗的长大才逐步减少。

2. 施肥

有机肥与化肥相结合施用，少量多次。幼龄期施肥以氮肥为主，适当配合磷、钾肥为原则，幼龄树每年可结合除草施化肥3~4次；定植2年后有机肥结合化肥每年施1~2次。

（四）结果树管理

槟榔的结果树营养生长和生殖生长同时进行，主要是落实好保花保果措施。这一阶段对钾素的需求较多，故成龄树应以增施钾肥、磷肥为主，氮肥为辅。一般每年主要有3次施肥期。

第1次为养树肥：在采果结束后12月至翌年1月尽早施用，每株施用磷肥沤熟的优质有机肥每株5~8 kg后，施平衡性15-15-15复合肥0.4~0.5 kg、硫酸钾0.25 kg 1~2次，使槟榔树在采后能及时得到养分的补充，对采果后的树势恢复及其后的花序分化都有促进作用，为下年开花结果打下良好基础。

第2次为壮花肥：3—4月是槟榔盛花期，此时每株追施复合肥0.4~0.5 kg，施用1~2次以提高槟榔树开花结实率。

第3次为壮果肥：在6—7月的幼果期，每株追施复合肥0.5 kg、尿素0.25 kg，施用1~2次以促进果实发育膨大。槟榔的成花率较高，但由于受到营养不足、病虫害的影响，往往导致结果率较低，仅有成花量的10%，因此保花保果综合技术已是槟榔生产中的关键技术，在抽穗期、花期和幼果期还要喷施叶面肥，如叶面宝、高美施和氨基酸类叶面肥。同时，在喷叶面肥时加入一些农药防治病虫害，以达到保花保果的目的。

正常施入有机肥的槟榔园一般无需再补充中、微量元素，但一些滨海地区有机质含量很低的槟榔园容易出现缺镁、缺硼和缺锌等现象，可根据症状的表现有针对性地施入中微量元素肥料。成龄树施钙镁磷肥150~250 g、硫酸镁50~100 g、硼砂25~40 g、硫酸锌25~50 g，每年2~3次。

根据目标产量、土壤肥力状况和槟榔生长发育过程中对营养的要求，确定槟榔的施肥量。选用可溶性常规固体肥料、水溶肥料或有机液体肥料。水溶性肥料应符合NY 1107的规定。

（五）病虫害及其防治

见附录3病虫害及其防治。